새로운 배움, 더 큰 즐거움

미래엔이 응원합니다!

과학 **3·2**

WRITERS

미래엔콘텐츠연구회
No.1 Content를 개발하는 교육 콘텐츠 연구회

COPYRIGHT

인쇄일 2023년 3월 13일(1판1쇄)
발행일 2023년 3월 13일

펴낸이 신광수
펴낸곳 (주)미래엔
등록번호 제16–67호

교육개발1실장 하남규
개발책임 오진경 **개발** 유미나, 권태정, 문지혜, 하희수

디자인실장 손현지
디자인책임 김기욱 **디자인** 장병진

CS본부장 강윤구
제작책임 강승훈

ISBN 979-11-6841-434-1

3학년 1학기에는

탐구 과학 탐구를 수행하는 데 필요한 기초 탐구 기능을 배워요.

1단원 물체와 물질이 무엇인지 알아보고, 우리 주변의 물체를 이루는 물질의 성질을 비교해요.

2단원 동물의 암수에 따른 특징을 비교하고, 다양한 동물의 한살이를 알아봐요.

3단원 자석의 성질을 알아보고, 자석이 일상생활에서 이용되는 모습을 찾아봐요.

4단원 지구의 모양과 표면, 육지와 바다의 특징, 공기의 역할을 이해하고, 지구와 달을 비교해요.

3학년 2학기에는

1단원 동물을 분류하고 동물의 생김새와 생활 방식을 알아봐요.

2단원 흙의 특징과 생성 과정을 알아보고, 흐르는 물이 지형을 어떻게 변화 시키는지 알아봐요.

3단원 물질의 세 가지 상태를 알고, 물질의 상태에 따라 우리 주변의 물질을 분류해요.

4단원 소리의 세기와 높낮이를 비교하고, 소리가 전달되거나 반사되는 것을 관찰해요.

5학년 1학기에는

1단원 과학자가 자연 현상을 탐구하는 과정을 알아봐요.

2단원 온도를 측정하고 온도 변화를 관찰하며, 열이 어떻게 이동하는지 알아봐요.

3단원 태양계를 구성하는 행성과 태양에 대해 알고, 북쪽 하늘의 별자리를 관찰해요.

4단원 용해와 용액이 무엇인지 이해하고, 용해에 영향을 주는 요인을 찾으며, 용액의 진하기를 비교해요.

5단원 다양한 생물을 관찰하고, 그 생물이 우리 생활에 미치는 영향을 알아봐요.

5학년 2학기에는

1단원 탐구 문제를 정하고, 계획을 세우며, 탐구를 실행하고, 결과를 발표해요.

2단원 생태계와 환경에 대해 이해하고, 생태계 보전을 위해 할 수 있는 일을 알아봐요.

3단원 여러 가지 날씨 요소를 이해하고, 우리나라 계절별 날씨의 특징을 알아봐요.

4단원 물체의 운동과 속력을 이해하고, 속력과 관련된 일상생활 속 안전에 대해 알아봐요.

5단원 산성 용액과 염기성 용액의 특징을 알고, 산성 용액과 염기성 용액을 섞을 때 일어나는 변화를 관찰해요.

초등학교 3학년부터 6학년까지 과학에서는 무엇을 배우는지 한눈에 알아보아요!

4학년 1학기에는

탐구 기초 탐구 기능을 활용하여 실제 과학 탐구를 실행해요.

1단원 지층과 퇴적암을 관찰하고, 화석의 생성 과정, 화석과 과거 지구 환경의 관계를 알아봐요.

2단원 식물의 한살이를 관찰하고, 여러 가지 식물의 한살이를 비교해요.

3단원 저울로 무게를 측정하는 까닭을 알고, 양팔저울, 용수철저울로 물체의 무게를 비교하고 측정해요.

4단원 혼합물을 분리하여 이용하는 까닭을 알고, 물질의 성질을 이용해서 혼합물을 분리해요.

4학년 2학기에는

1단원 식물을 분류하고 식물의 생김새와 생활 방식을 알아봐요.

2단원 물의 세 가지 상태를 알고 물과 얼음, 물과 수증기 사이의 상태 변화를 관찰해요.

3단원 물체의 그림자를 관찰하며 빛의 직진을 이해하고, 빛의 반사와 거울의 성질을 알아봐요.

4단원 화산 분출물, 화강암, 현무암의 특징을 알고, 화산 활동과 지진이 우리 생활에 미치는 영향을 알아봐요.

5단원 지구에 있는 물이 순환하는 과정을 알고, 물 부족 현상을 해결하는 방법을 찾아봐요.

6학년 1학기에는

1단원 일상생활에서 생긴 의문을 탐구 과정을 통해 해결하면서 통합 탐구 기능을 익혀요.

2단원 태양과 달이 뜨고 지는 까닭, 계절에 따라 별자리가 변하는 까닭, 여러 날 동안 달의 모양과 위치의 변화를 알아봐요.

3단원 산소와 이산화 탄소의 성질을 확인하고, 온도, 압력과 기체 부피의 관계를 알아봐요.

4단원 식물과 동물의 세포를 관찰하고, 식물의 구조와 기능을 알아봐요.

5단원 빛의 굴절 현상을 관찰하고, 볼록 렌즈의 특징과 쓰임새를 알아봐요.

6학년 2학기에는

1단원 전기 회로에 대해 알고, 전기를 안전하게 사용하고 절약하는 방법을 조사하며, 전자석에 대해 알아봐요.

2단원 계절에 따라 기온이 변하는 현상을 이해하고, 계절이 변하는 까닭을 알아봐요.

3단원 물질이 연소하는 조건과 연소할 때 생성되는 물질을 알고, 불을 끄는 방법과 화재 안전 대책을 알아봐요.

4단원 우리 몸의 뼈와 근육, 소화 · 순환 · 호흡 · 배설 · 감각 기관의 구조와 기능을 알아봐요.

5단원 우리 주변 에너지의 형태를 알고, 에너지 전환을 이해하며, 에너지를 효율적으로 사용하는 방법을 알아봐요.

과학은
자연 현상을 이해하고 탐구하는 과목이에요.

하지만
갑자기 쏟아지는 새로운 개념과
익숙하지 않은 용어들 때문에
과학을 어렵게 느끼는 친구들이 많이 있어요.

그런 친구들을 위해
초코 가 왔어요!

초코 는~
중요하고 꼭 알아야 하는 내용을 쉽게 정리했어요.
공부한 내용은 여러 문제를 풀면서 확인할 수 있어요.
알쏭달쏭한 개념은 그림으로 한눈에 이해할 수 있어요.

공부가 재밌어지는 **초코** 와 함께라면
과학이 쉬워진답니다.

초등 과학의 즐거운 길잡이!
초코! 맛보러 떠나요~

구성과 특징

"책"으로
공부해요

1 개념이 탄탄

- 교과서의 활동, 탐구와 핵심 개념을 간결하게 정리하여 내용을 한눈에 파악하고 쉽게 이해할 수 있어요.
- 간단한 문제를 통해 개념을 잘 이해하고 있는지 확인할 수 있어요.

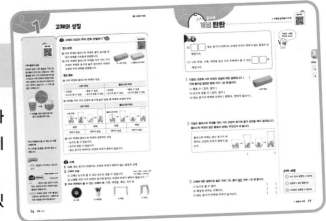

2 실력이 쏙쏙

- 객관식, 단답형, 서술형 등 다양한 형식의 문제를 풀어 보면서 실력을 쌓을 수 있어요.
- 단원 평가, 수행 평가를 통해 실제 평가에 대비할 수 있어요.

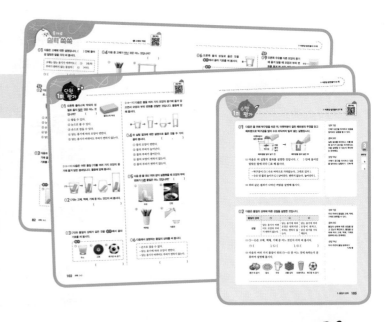

"온라인 서비스"도 활용해요

생생한 실험 동영상

어렵고 복잡한 실험은 실험 동영상으로 실감 나게 학습해요.

3 핵심만 쏙쏙

- 핵심 개념만 쏙쏙 뽑아낸 그림으로 어려운 개념도 쉽고 재미있게 학습할 수 있어요.
- 비어 있는 내용을 채우면서 학습한 개념을 다시 정리할 수 있어요.

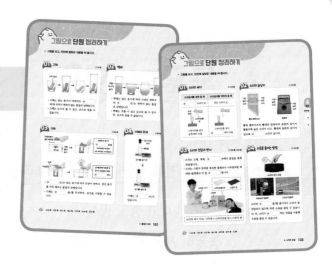

4 교과서도 완벽

- 교과서의 단원 도입 활동, 마무리 활동을 자세하게 풀이하여 교과서 내용을 놓치지 않고 정리할 수 있어요.
- 교과서와 실험 관찰에 수록된 문제를 확인할 수 있어요.

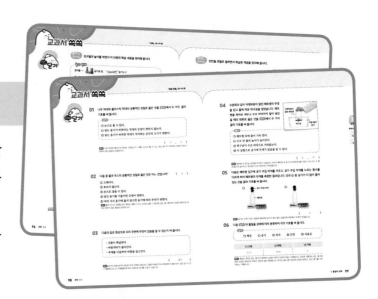

교과서 탐구를 손쉽게
실험 관찰 길잡이
실험 관찰의 자세한 풀이를 통해 교과서의 탐구 활동을 쉽게 이해해요.

스스로 확인하는
정답과 풀이

문제를 풀고 정답과 풀이를 바로 확인하면서 스스로 학습해요.

차례

1 동물의 생활

2 지표의 변화

3 물질의 상태

4 소리의 성질

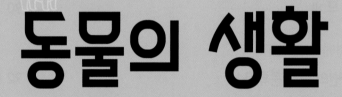

동물의 생활

이 단원에서 무엇을 공부할지 알아보아요.

『과학』8~9 쪽

다양한 동물의 특징

동물의 특징을 떠올리며 친구들과 함께 동물을 이어 그리고 어떤 동물인지 알아맞혀 봅시다.

🦊 동물 이어 그리고 알아맞히기

❶ 모둠원의 수만큼 흰 종이를 준비하여 각자 동물 이름을 쓰고 보이지 않게 접습니다.

❷ 가위바위보로 동물을 알아맞힐 사람을 정하고, 나머지 사람들은 동물 이름이 적힌 종이를 한 개 고릅니다.

❸ 동물을 알아맞힐 사람은 눈을 감고 "시작!"과 함께 60 초를 소리 내어 셉니다.

❹ 나머지 사람들은 60 초 동안 순서대로 종이에 적힌 동물의 생김새를 빈 종이에 이어 그립니다.

❺ 60 초가 되면 동물을 알아맞힐 사람은 그림을 보고 어떤 동물인지 말합니다.

• **모둠에서 그린 동물의 특징을 이야기해 봅시다.**

예시 답안 다리가 네 개이다. 몸의 등 부분이 가시로 덮여 있다. 가시가 없는 배 부분은 털로 덮여 있다. 위험을 감지하면 몸을 둥글게 만든다. 등

1~2

우리 주변에 사는 동물
특징에 따른 동물 분류

실험 관찰

동물을 관찰하는 방법
- 생김새, 움직임, 사는 곳 등을 관찰합니다.
- 작은 동물은 돋보기, 확대경 등을 사용하여 관찰하거나 스마트 기기로 사진을 찍어 관찰합니다.

동물을 관찰할 때 주의할 점
- 풀밭에 함부로 앉지 않습니다.
- 벌이나 개미 등에 쏘이거나 물릴 수 있으므로 손으로 동물을 잡지 않습니다.
- 관찰이 끝난 뒤 채집한 동물은 살던 곳에 놓아주고, 손을 깨끗이 씻습니다.

용어 사전

★ **채집** 널리 찾아서 얻거나 캐거나 잡아 모으는 일

❶ 학교에 사는 동물 관찰하기 (활동)

동물		사는 곳	특징
소금쟁이		연못	• 몸이 짙은 갈색이고, 다리가 긺. • 몸이 머리, 가슴, 배로 구분되고, 다리가 세 쌍임. • 다리로 물을 밀어서 이동함. 날개로 날아다니기도 해요.
개미		화단	• 몸이 머리, 가슴, 배로 구분되고, 다리가 세 쌍임. • 다리로 걸어 다님.
거미		화단	• 몸이 두 부분으로 구분되고, 다리가 네 쌍임. • 다리로 걸어 다님.
송사리		연못	• 몸이 옆으로 납작하고, 눈이 매우 큼. • 지느러미로 헤엄침.
참새		화단, 나무	• 몸이 깃털로 덮여 있고, 다리가 한 쌍임. • 날개로 날아다님.
고양이		운동장	• 몸이 털로 덮여 있고, 다리가 두 쌍임. • 다리로 걷거나 뛰어다님.
달팽이		화단	• 딱딱한 껍데기를 가지고 있음. • 기어서 이동함.
까치		화단, 나무	• 몸이 깃털로 덮여 있고, 다리가 한 쌍임. • 날개로 날아다님.
지렁이		화단	• 몸이 여러 개의 마디로 되어 있음. • 기어서 이동함.
매미		나무	• 얇은 날개가 두 쌍 있음. • 몸이 머리, 가슴, 배로 구분되고, 다리가 세 쌍임. • 날개로 날아다님.

➡ 우리 주변에는 다양한 장소에 여러 가지 동물이 살고, 동물마다 생김새와 움직이는 모습이 다릅니다.

❷ 비슷한 특징을 가진 동물끼리 분류하기 (탐구)

1 동물 분류: 동물은 생김새, 사는 곳 등의 특징에 따라 분류할 수 있습니다.

실험 동영상

2 동물을 분류할 수 있는 기준

① 동물의 특징 중에서 공통점과 차이점을 찾아 분류 기준을 세웁니다.

② 같은 분류 기준으로 분류했을 때 누가 분류하더라도 그 결과가 같아야 합니다.

→ 동물을 분류할 수 있는 기준에는 '다리가 있는가?', '날개가 있는가?', '물속에서 살 수 있는가?', '더듬이가 있는가?' 등이 있습니다.

3 분류 기준에 따라 동물 분류하기

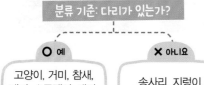

1

단원

공부한날

월

일

'예쁜가?', '귀여운가?'와 같이 사람마다 다르게 판단하는 기준은 분류 기준이 될 수 없어요.

다리의 개수에 따른 동물 분류

동물을 '다리가 있는가?'라는 분류 기준으로 분류한 뒤 다리가 있는 동물을 다리의 개수에 따라 다시 분류할 수 있습니다.

다리가 두 개인 동물	참새, 까치
다리가 네 개인 동물	고양이, 개, 개구리
다리가 여섯 개 이상인 동물	거미, 개미, 소금쟁이, 매미

 과학 예술 창의 융합 이빨로 분류하는 고래

고래는 '이빨이 있는가?'라는 분류 기준으로 이빨을 가진 이빨 고래와 이빨 대신 수염을 가진 수염 고래로 분류할 수 있습니다.

 활동 분류 기준을 세우고 바다 동물 분류하기

바다에 사는 동물을 여러 가지 분류 기준으로 분류해 봅시다.

❶ 바다 동물을 스마트 기기로 조사하여 붙임쪽지에 하나씩 그립니다.

❷ 바다 동물을 관찰하고, 바다 동물을 분류할 수 있는 분류 기준을 세웁니다.

❸ 분류 기준에 따라 바다 동물을 분류합니다.

활동 결과 예시

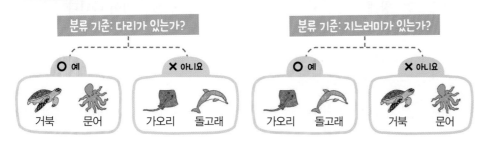

용어 사전

★ 수염 동물의 입언저리에 난 뻣뻣한 긴 털

바른답·알찬풀이 2 쪽

스스로 확인해요 『과학』11 쪽

1 우리 주변에는 여러 가지 동물이 살고, 동물마다 생김새와 움직이는 모습이 (같습니다, 다릅니다).

2 의사소통 나무나 풀이 있는 곳에 어떤 동물이 살고 있는지 친구들과 함께 이야기해 봅시다.

―――― 『과학』14 쪽

1 동물을 생김새, 사는 곳 등의 특징에 따라 ( )할 수 있습니다.

2 탐구 참새와 매미를 구분할 수 있는 특징을 설명해 봅시다.

문제로

개념 탄탄

학습한 내용을
확인해 보세요.

핵심 콕

❶ 우리 주변에 사는 동물: 우리 주변에는 다양한 장소에 여러 가지 동물이 살고, 동물마다 생김새와 움직이는 모습이 ☐ ☐ ☐ ☐.

[1~3] 다음은 학교에 사는 여러 가지 동물입니다. 물음에 답해 봅시다.

참새

송사리

지렁이

1 위 동물 중 연못에서 볼 수 있는 동물의 이름을 써 봅시다.

( )

2 위 동물 중 다음과 같은 특징이 있는 동물의 이름을 써 봅시다.

- 다리가 한 쌍이다.
- 몸이 깃털로 덮여 있다.

( )

3 위 동물의 이동 방법을 선으로 이어 봅시다.

(1) 참새 ・ ・㉠ 기어 다닌다.

(2) 송사리 ・ ・㉡ 날개로 날아다닌다.

(3) 지렁이 ・ ・㉢ 지느러미로 헤엄친다.

❷ **동물 분류**: 동물은 생김새, 사는 곳 등의 ☐☐ 에 따라 분류할 수 있습니다.

❸ **동물을 분류할 수 있는 분류** ☐☐ : '다리가 있는가?', '날개가 있는가?', '물속에서 살 수 있는가?' 등이 있습니다.

[4~6] 다음은 여러 가지 동물입니다. 물음에 답해 봅시다.

| 고양이 | 거미 | 까치 | 개구리 | 매미 | 달팽이 |

4 위 동물을 분류할 수 있는 분류 기준으로 옳은 것을 **보기** 에서 골라 기호를 써 봅시다.

> **보기**
> ㉠ 예쁜가?
> ㉡ 귀여운가?
> ㉢ 다리가 있는가?

(   )

5 위 동물을 4번 답의 분류 기준에 따라 분류했을 때 달팽이는 '예'와 '아니요' 중 어디에 해당하는지 써 봅시다.

(   )

6 위 동물을 '날개가 있는가?'라는 분류 기준에 따라 분류해 써 봅시다.

예	아니요
(1)	(2)

공부한 내용을

😊 자신 있게 설명할 수 있어요.

😐 설명하기 조금 힘들어요.

☹️ 어려워서 설명할 수 없어요.

1~2 동물이 사는 환경
땅에서 사는 동물

실험 관찰

① 동물이 사는 환경 알아보기 (활동)

- 너구리, 다람쥐, 두더지, 뱀은 숲이나 들에서 삽니다.
- 낙타와 사막여우는 사막에서 삽니다.
- 다슬기와 붕어는 강이나 호수에서 삽니다.
- 상어와 게는 바다에서 삽니다.
- 나비, 갈매기, 까치는 하늘을 날아다닙니다.

↓

동물은 숲, 들, 사막, 강, 호수, 바다 등 다양한 환경에서 삽니다.

② 땅에서 사는 동물의 생김새와 생활 방식 조사하기 (탐구)

1 땅에서 사는 동물

동물		사는 곳	특징
다람쥐		땅 위	• 몸이 털로 덮여 있고, 몸에 무늬가 있음. • 두 쌍의 다리로 걷거나 뛰어다님.
너구리		땅 위	• 몸이 털로 덮여 있고, 입이 뾰족함. • 두 쌍의 다리로 걷거나 뛰어다님.
메뚜기		땅 위	• 몸이 머리, 가슴, 배로 구분됨. • 머리에 더듬이가 있음. • 세 쌍의 다리로 걸어 다니고, 긴 뒷다리로 멀리 뛸 수 있음.
땅강아지		땅속	• 몸이 머리, 가슴, 배로 구분됨. • 앞다리로 땅을 팔 수 있음. • 세 쌍의 다리로 걸어 다니거나 날개로 날아 다님.
지렁이		땅속	• 몸이 긴 원통 모양이며, 고리 모양의 마디가 있음. • 다리가 없으며, 몸통으로 기어 다님.
두더지		땅속	• 몸이 털로 덮여 있음. • 앞다리로 땅을 팔 수 있음. • 두 쌍의 다리로 걷거나 뛰어다님.
개미		땅 위와 땅속	• 몸이 머리, 가슴, 배로 구분됨. • 머리에 더듬이가 있음. • 세 쌍의 다리로 걸어 다님.
뱀		땅 위와 땅속	• 몸이 가늘고 길며, 혀가 깊. • 다리가 없으며, 몸통으로 기어 다님.

개미와 뱀은 땅 위와 땅속을 오가면서 살아요.

2 땅에서 사는 동물의 이동 방법: 땅에서 사는 동물 중에 다리가 있는 동물은 다리로 걷거나 기어 다니고, 다리가 없는 동물은 몸통으로 기어 다닙니다.

지렁이와 두더지

지렁이와 두더지는 가끔 땅 위로 올라오기도 하지만 주로 땅속에서 생활하므로 땅속에서 사는 동물로 분류합니다.

용어 사전

★ **더듬이** 동물의 머리에 있는 부분으로, 먹이를 찾고 적을 막는 역할을 함.

바른답·알찬풀이 2쪽

스스로 확인해요

『과학』 17 쪽

1 동물은 숲, 들, 사막, 강, 호수, 바다 등 다양한 (   )에서 삽니다.

2 (사고) 사는 곳에 따른 동물의 특징을 알아보기 위해 조사할 내용을 설명해 봅시다.

『과학』 19 쪽

1 땅에서 사는 동물 중에 다리가 (있는, 없는) 동물은 걷거나 기어 다니고, 다리가 없는 동물은 기어 다닙니다.

2 (탐구) 땅속에서 사는 땅강아지와 두더지의 공통점을 설명해 봅시다.

→ 바른답·알찬풀이 2 쪽

학습한 내용을 확인해 보세요.

핵심 콕

❶ **동물이 사는 환경**: 동물은 숲, 들, 사막, 강, 호수, 바다 등 다양한 [ ][ ] 에서 삽니다.

❷ **땅에서 사는 동물**: 땅에서 사는 동물 중에 [ ][ ] 이/가 있는 동물은 다리로 걷거나 기어 다니고, 다리가 없는 동물은 몸통으로 기어 다닙니다.

---

1 동물이 사는 환경에 대한 설명으로 옳은 것에 ○표, 옳지 <u>않은</u> 것에 ×표 해 봅시다.

(1) 동물은 다양한 환경에서 산다. ( )

(2) 사막에는 동물이 살지 못한다. ( )

(3) 너구리, 다람쥐, 두더지, 뱀은 숲이나 들에서 산다. ( )

[2~3] 다음은 여러 가지 동물입니다. 물음에 답해 봅시다.

뱀   다람쥐

땅강아지

2 위 동물이 사는 곳을 선으로 이어 봅시다.

(1) [뱀] •   • ㉠ [땅속]

(2) [다람쥐] •   • ㉡ [땅 위]

(3) [땅강아지] •   • ㉢ [땅 위와 땅속]

---

3 위 동물 중 다음과 같은 특징이 있는 동물의 이름을 써 봅시다.

• 몸이 머리, 가슴, 배로 구분되고, 앞다리로 땅을 팔 수 있다.
• 다리로 걸어 다니거나 날개로 날아다닌다.

( )

공부한 내용을

😊 자신 있게 설명할 수 있어요.

😐 설명하기 조금 힘들어요.

😟 어려워서 설명할 수 없어요.

[01~02] 다음은 학교에 사는 여러 가지 동물입니다. 물음에 답해 봅시다.

매미

고양이

달팽이

01 위 동물을 관찰한 결과로 옳은 것에 각각 ○표 해 봅시다.

동물	관찰 결과
매미	• 다리가 ㉠ (있음, 없음). • 날개가 ㉡ (있음, 없음).
고양이	• 다리가 ㉢ (있음, 없음). • 날개가 ㉣ (있음, 없음).
달팽이	• 다리가 ㉤ (있음, 없음). • 날개가 ㉥ (있음, 없음).

중요
02 다음은 위 동물에 대한 학생 (가)~(다)의 대화입니다. 옳게 말한 학생은 누구인지 써 봅시다.

> 매미, 고양이, 달팽이는 모두 물속에서 살아.
>
> (가)

> 우리 주변에는 매미, 고양이, 달팽이 외에도 여러 가지 동물이 살지.
>
> (나)

> 고양이와 달팽이는 생김새는 달라도 움직이는 모습이 같아.
>
> (다)

(   )

[03~05] 다음은 여러 가지 동물입니다. 물음에 답해 봅시다.

거미   참새   개미
송사리   소금쟁이   까치
지렁이   개구리   개

중요
03 위 동물 중 다음에 해당하는 동물의 이름을 모두 써 봅시다.

⑴ 다리가 없는 동물: (   )

⑵ 날개가 있는 동물: (   )

⑶ 몸이 깃털로 덮여 있는 동물:

(   )

서술형
04 위 동물을 분류할 수 있는 분류 기준이 될 수 <u>없는</u> 것을 **보기**에서 골라 기호를 쓰고, 그 까닭을 설명해 봅시다.

> **보기**
>
> ㉠ 예쁜가?
> ㉡ 다리가 있는가?
> ㉢ 더듬이가 있는가?

....

....

중요
05 앞의 동물을 분류 기준에 따라 분류해 써 봅시다.

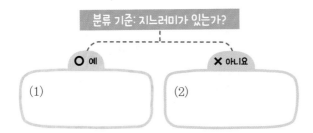

분류 기준: 지느러미가 있는가?

O 예

X 아니요

(1)

(2)

06 다음 중 동물과 동물이 사는 곳을 옳게 짝 지은 것은 어느 것입니까? ( )

① 상어 – 숲
② 낙타 – 바다
③ 붕어 – 사막
④ 다슬기 – 강
⑤ 두더지 – 호수

[07~09] 다음은 땅에서 사는 동물입니다. 물음에 답해 봅시다.

개미

다람쥐

두더지

메뚜기

07 위 동물 중 땅 위와 땅속을 오가면서 사는 동물의 이름을 써 봅시다.

( )

08 앞의 동물 중 다음과 같은 특징이 있는 동물의 이름을 써 봅시다.

- 땅속에서 산다.
- 앞다리로 땅을 팔 수 있다.
- 두 쌍의 다리로 걷거나 뛰어다닌다.

( )

중요
09 앞 동물의 공통점으로 옳은 것을 **보기**에서 골라 기호를 써 봅시다.

보기
㉠ 다리가 있다.
㉡ 몸이 털로 덮여 있다.
㉢ 몸이 머리, 가슴, 배로 구분된다.

( )

서술형
10 땅에서 사는 동물의 이동 방법을 생김새와 관련 지어 설명해 봅시다.

....

....

물에서 사는 동물

실험 관찰

붕어, 상어, 고등어의 생김새와 생활 방식

붕어, 상어, 고등어와 같은 동물은 몸이 부드러운 곡선 형태(유선형)라서 물속에서 빨리 헤엄쳐 이동할 수 있습니다.

① 물에서 사는 동물의 생김새와 생활 방식 조사하기 `탐구`

1 강이나 호수에서 사는 동물

동물		특징
미꾸라지		• 몸이 길며 표면이 매끄러움. • 지느러미로 헤엄쳐 이동함.
메기		• 몸이 길며 표면이 매끄럽고, 수염이 있음. • 지느러미로 헤엄쳐 이동함.
붕어		• 몸이 비늘로 덮여 있고, 부드러운 곡선 형태(유선형)임. • 지느러미로 헤엄쳐 이동함.
다슬기		• 몸이 딱딱한 껍데기로 덮여 있음. • 바위나 바닥에 붙어서 기어 다님.

2 바다에서 사는 동물

동물		특징
상어		• 몸이 비늘로 덮여 있고, 부드러운 곡선 형태(유선형)임. • 세모 모양의 큰 등지느러미와 날카로운 이빨이 있음. • 지느러미로 헤엄쳐 이동함.
고등어		• 몸이 비늘로 덮여 있고, 부드러운 곡선 형태(유선형)임. • 등이 푸른색이고, 검은색 무늬가 있음. • 지느러미로 헤엄쳐 이동함.
오징어		• 몸이 세모 모양이고, 머리에 다리 열 개가 있음. • 지느러미로 헤엄쳐 이동함.
전복		• 몸이 딱딱한 껍데기로 덮여 있고 껍데기에 구멍이 솟아 있음. • 바위나 바닥에 붙어서 기어 다님.
게		• 몸이 딱딱한 껍데기로 덮여 있음. • 집게 다리가 한 쌍 있고, 집게가 없는 나머지 다리 네 쌍으로 걸어 다님.

3 물에서 사는 동물의 이동 방법: 물에서 사는 동물 중에 지느러미가 있는 동물은 헤엄치고, 다리가 있는 동물은 걸어 다니기도 합니다. 또, 지느러미와 다리가 없는 동물은 기어 다닙니다.

★ 유선형 앞부분은 곡선이고 뒤쪽으로 갈수록 뾰족한 형태

바른답·알찬풀이 4 쪽

스스로 확인해요 『과학』 21 쪽

1 물에서 사는 동물 중에 (   ) 이/가 있는 동물은 헤엄치고, (   )이/가 있는 동물은 걸어 다니기도 합니다. 또, 지느러미와 다리가 없는 동물은 기어 다닙니다.

2 (의사소통) 물에서 사는 동물의 이동 방법을 몸으로 표현해 봅시다.

핵심 콕

❶ **물에서 사는 동물**: 물에서 사는 동물 중에 지느러미가 있는 동물은

☐ ☐ ☐ ☐, 다리가 있는 동물은 걸어 다니기도 합니다.

또, 지느러미와 다리가 없는 동물은 기어 다닙니다.

학습한 내용을
확인해 보세요.

[1~2] 다음은 여러 가지 동물입니다. 물음에 답해 봅시다.

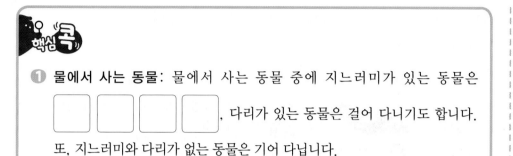

게　　　　　　　다슬기　　　　　미꾸라지

1 위 동물 중 몸이 딱딱한 껍데기로 덮여 있는 동물의 이름을 두 가지 써 봅시다.

(　　　　, 　　　　)

2 위 동물의 이동 방법을 선으로 이어 봅시다.

(1) [게] •　　　　　• ㉠ [기어 다닌다.]

(2) [다슬기] •　　　　　• ㉡ [다리로 걸어 다닌다.]

(3) [미꾸라지] •　　　　　• ㉢ [지느러미로 헤엄친다.]

3 바다에서 사는 동물을 **보기**에서 골라 기호를 써 봅시다.

보기

㉠　　　　　　　㉡　　　　　　　㉢

메기　　　　　　메뚜기　　　　　오징어

(　　　　　　)

공부한 내용을

😀 자신 있게 설명할 수 있어요.

😐 설명하기 조금 힘들어요.

😟 어려워서 설명할 수 없어요.

날아다니는 동물

① 날아다니는 동물의 생김새와 생활 방식 조사하기 〔탐구〕

1 날아다니는 새

동물		사는 곳	특징
꾀꼬리		숲, 들	• 몸이 노란색이고, 머리와 날개에 검은색 무늬가 있음. • 날개와 다리가 한 쌍씩 있음. • 날개로 날아다님.
까치		숲, 들	• 몸이 검은색과 하얀색 깃털로 덮여 있음. • 날개와 다리가 한 쌍씩 있음. • 날개로 날아다님.
박새		숲, 들	• 몸이 깃털로 덮여 있고, 배와 뺨이 하얀색임. • 날개와 다리가 한 쌍씩 있음. • 날개로 날아다님.
갈매기		바닷가	• 등과 날개는 회색이고, 부리는 노란색임. • 날개와 다리가 한 쌍씩 있음. • 날개로 날아다님.

2 날아다니는 곤충

동물		사는 곳	특징
매미		숲, 들	• 몸이 머리, 가슴, 배로 구분되며, 가슴에 다리 세 쌍이 있음. • 얇고 긴 날개가 두 쌍이 있음. • 날개로 날아다님.
잠자리		숲, 들, 물가	• 몸이 머리, 가슴, 배로 구분되며, 가슴에 다리 세 쌍이 있음. • 얇고 투명한 날개가 두 쌍이 있음. • 날개로 날아다님.
호랑나비		숲, 들	• 몸이 머리, 가슴, 배로 구분되며, 가슴에 다리 세 쌍이 있음. • 날개가 두 쌍이 있음. • 날개로 날아다님.

3 날아다니는 새와 곤충의 공통점: 날개가 있습니다.

실험 관찰

새와 곤충 이외에 날 수 있는 동물

• 박쥐는 앞 발가락과 뒷다리 사이에 얇은 날개막이 있어 날 수 있습니다.
• 하늘다람쥐는 앞다리와 뒷다리 사이에 날개 역할을 하는 막이 있어 날 수 있습니다.

🔺 박쥐   🔺 하늘다람쥐

용어 사전

★ **투명** 속까지 환히 비치도록 맑음.

바른답·알찬풀이 4 쪽

스스로 확인해요

『과학』 23 쪽

1 날아다니는 새와 곤충은 (   )이/가 있습니다.
2 〔탐구〕 새의 날개와 곤충의 날개가 다른 점을 설명해 봅시다.

학습한 내용을
확인해 보세요.

핵심 콕

❶ 날아다니는 동물: 날아다니는 새와 곤충은 □□ 이/가 있습니다.

[1~2] 다음은 날아다니는 동물입니다. 물음에 답해 봅시다.

매미

갈매기

꾀꼬리

1 위 동물 중 몸이 머리, 가슴, 배로 구분되는 동물의 이름을 써 봅시다.

( )

2 위 동물의 공통점에 대한 설명으로 옳은 것에 ○표, 옳지 않은 것에 ×표 해 봅시다.

⑴ 곤충이다.　　　　　　　　　　　　　　　　( )

⑵ 날개가 있다.　　　　　　　　　　　　　　　( )

⑶ 몸이 깃털로 덮여 있다.　　　　　　　　　　( )

3 날아다니는 동물을 **보기** 에서 골라 기호를 써 봅시다.

보기

ㄱ 붕어　　　　ㄴ 다람쥐　　　　ㄷ 잠자리

( )

공부한 내용을

 자신 있게 설명할 수 있어요.

 설명하기 조금 힘들어요.

 어려워서 설명할 수 없어요.

정답 확인

문제로 실력 쑥쑥

중요
01 다음과 같은 특징이 있는 동물은 어느 것입니까?

( )

- 물에서 산다.
- 몸이 딱딱한 껍데기로 덮여 있다.
- 바위나 바닥에 붙어서 기어 다닌다.

① 게   ② 뱀

③ 전복   ④ 지렁이

02 다음은 오른쪽 오징어에 대한 학생 (가)~(다)의 대화입니다. 옳게 말한 학생은 누구인지 써 봅시다.

열 개의 다리로 걸어 다녀.

바다에서 사는 동물이야.

몸이 딱딱한 껍데기로 덮여 있어.

(가)   (나)   (다)

( )

[03~04] 다음은 여러 가지 동물입니다. 물음에 답해 봅시다.

메기   붕어

상어   고등어

03 위 동물을 사는 곳에 따라 분류해 써 봅시다.

바다	강이나 호수
(1)	(2)

중요
04 위 동물의 공통점으로 옳은 것은 어느 것입니까?

( )

① 다리가 있다.
② 지느러미가 있다.
③ 몸통으로 기어 다닌다.
④ 물과 땅을 오가면서 산다.
⑤ 몸이 머리, 가슴, 배로 구분된다.

서술형
05 물에서 사는 동물의 이동 방법을 생김새와 관련 지어 설명해 봅시다.

....

....

06 다음 중 날아다니는 새는 어느 것입니까?
(   )

①
매미

②
꾀꼬리

③
잠자리

④
하늘다람쥐

[07~08] 다음은 여러 가지 동물입니다. 물음에 답해 봅시다.

까치

박새

참새

호랑나비

07 위 동물 중 다음과 같은 특징이 있는 동물의 이름을 써 봅시다.

- 가슴에 다리 세 쌍이 있다.
- 두 쌍의 날개로 날아다닌다.
- 몸이 머리, 가슴, 배로 구분된다.

(   )

08 앞 동물의 공통점으로 옳지 않은 것을 **보기**에서 골라 기호를 써 봅시다.

보기

㉠ 날개가 있다.
㉡ 다리가 있다.
㉢ 지느러미가 있다.

(   )

09 다음은 갈매기를 관찰한 결과를 글과 그림으로 나타낸 것입니다. ㉠과 ㉡에 들어갈 말을 옳게 짝지은 것은 어느 것입니까? (   )

동물 이름	갈매기	
생김새	㉠	
생활 방식	㉡	

① ㉠ - 머리에 더듬이가 있다.
② ㉠ - 가슴에 다리 세 쌍이 있다.
③ ㉠ - 얇고 긴 날개가 두 쌍이 있다.
④ ㉡ - 날개로 날아다닌다.
⑤ ㉡ - 지느러미로 헤엄친다.

10 날아다니는 새와 곤충의 공통점을 동물이 날 수 있는 까닭과 관련지어 설명해 봅시다.

사막에서 사는 동물
동물 탐험 여권 소개하기

❶ 사막에서 사는 동물의 생김새와 생활 방식 조사하기 탐구

동물		특징
낙타		• 등에 있는 혹에 지방이 들어 있음. ➡ 먹이가 부족해도 며칠 동안 생활할 수 있음. • 콧구멍을 여닫을 수 있음. ➡ 모래바람이 불어도 콧속으로 모래 먼지가 잘 들어가지 않음. • 발바닥이 넓음. ➡ 모래에 발이 잘 빠지지 않음. • 눈썹이 긺. ➡ 강한 햇빛과 모래 먼지로부터 눈을 보호함. • 두 쌍의 긴 다리로 걸어 다님. ➡ 땅의 뜨거운 열기를 피할 수 있음.
사막여우		• 몸에 비해 큰 귀를 가지고 있음. ➡ 몸속의 열을 밖으로 내보내기 쉬워 체온을 잘 조절할 수 있음. • 귓속에 털이 많음. ➡ 모래바람이 불어도 귓속으로 모래 먼지가 잘 들어가지 않음. • 두 쌍의 다리로 걷거나 뛰어다님.
사막 도마뱀		• 서 있거나 이동할 때 한 번에 두 발씩 번갈아 들어 올림. ➡ 발의 열을 식힐 수 있음. • 긴 꼬리가 있음. • 두 쌍의 다리로 걷거나 뛰어다님.
전갈		• 몸이 딱딱한 껍데기로 덮여 있음. ➡ 몸에 있는 물이 밖으로 잘 빠져나가지 않음. • 집게 다리가 한 쌍 있고, 집게가 없는 나머지 다리 네 쌍으로 걸어 다님.
사막 거북		• 앞다리로 땅을 팔 수 있음. ➡ 더운 낮에 땅굴에 들어가 쉴 수 있음. • 두 쌍의 다리로 걸어 다님.

➡ 사막에서 사는 동물은 사막의 환경에서도 잘 살 수 있는 특징이 있습니다.

❷ 동물 탐험 여권 발표하기 활동

• 땅에서 사는 동물 중에 다리가 있는 동물은 다리로 걷거나 기어 다니고, 다리가 없는 동물은 몸통으로 기어 다닙니다.
• 물에서 사는 동물 중에 지느러미가 있는 동물은 헤엄치고, 다리가 있는 동물은 걸어 다니기도 합니다. 또, 지느러미와 다리가 없는 동물은 기어 다닙니다.
• 날아다니는 새와 곤충은 날개가 있습니다.
• 사막에서 사는 동물 중에 낙타는 눈썹이 길고 등에 혹이 있으며, 사막여우는 몸에 비해 귀가 크고 귓속에 털이 있습니다.

↓

동물의 생김새와 생활 방식은 동물이 사는 환경과 관련되어 있습니다.

사막의 환경
• 먹이가 부족합니다.
• 모래바람이 붑니다.
• 그늘이 거의 없습니다.
• 낮에는 덥고 밤에는 춥습니다.
• 비가 거의 내리지 않아 물이 부족합니다.

용어 사전
★ 지방 동물의 피부 아래, 근육, 간 등에 저장되어 있으며, 에너지를 내는 물질

바른답·알찬풀이 6쪽

스스로 확인해요 『과학』 25쪽

1 낙타는 눈썹이 길고 등에 혹이 있으며, 사막여우는 몸에 비해 귀가 크고 귓속에 털이 있어 (   )에서 생활할 수 있습니다.
2 탐구 낙타의 특징을 사막 환경과 관련지어 설명해 봅시다.

문제로 개념 탄탄

학습한 내용을 확인해 보세요.

1 단원

공부한날

월

일

핵심 콕

① **사막에서 사는 동물**: 사막에서 사는 동물은 사막의 환경에서도 잘 살 수 있는 ☐☐이/가 있습니다.

② **동물의 생김새와 생활 방식**: 동물의 생김새와 생활 방식은 동물이 사는 ☐☐과/와 관련되어 있습니다.

1 다음 설명에 해당하는 환경을 보기에서 골라 기호를 써 봅시다.

> 물과 먹이가 부족하고 모래바람이 불며, 낮에는 덥고 밤에는 춥다.

보기
⊙ 숲   ⓒ 바다   ⓒ 사막

(   )

2 사막의 환경에서도 잘 살 수 있는 특징이 있는 동물을 보기에서 골라 기호를 써 봅시다.

보기
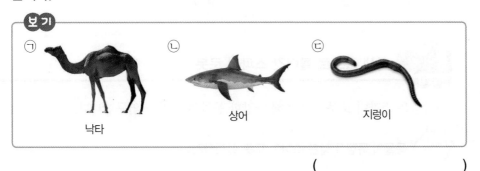
⊙ 낙타   ⓒ 상어   ⓒ 지렁이

(   )

3 동물이 사는 환경과 관련된 동물의 생김새와 생활 방식에 대한 설명으로 옳은 것에 ○표, 옳지 <u>않은</u> 것에 ×표 해 봅시다.

(1) 물에서 사는 동물 중에 지느러미가 있는 동물은 헤엄친다. (   )

(2) 사막에서 사는 동물은 모두 몸이 딱딱한 껍데기로 덮여 있다. (   )

(3) 땅에서 사는 동물 중에 다리가 없는 동물은 몸통으로 기어 다닌다.

(   )

공부한 내용을

😊 자신 있게 설명할 수 있어요.

😐 설명하기 조금 힘들어요.

☹️ 어려워서 설명할 수 없어요.

생활 속 동물의 특징 모방

동물의 특징을 모방한 로봇
자벌레가 늘어났다 쪼그라들며 이동하는 모습을 보고 내시경 로봇을 만들었습니다.

— 자벌레
— 내시경 로봇

❶ 동물의 특징을 모방하여 생활 속에서 활용하는 예 조사하기 탐구

우리가 생활 속에서 사용하는 물건 중에는 동물의 특징을 모방하여 활용하는 것이 있습니다.

오리	수영용 오리발
	물에서 빠르게 헤엄칠 수 있게 도와줘요.

오리가 발에 물갈퀴가 있어 물에서 빠르게 헤엄치는 모습을 보고 수영용 오리발을 만들었습니다.

문어	흡착 고무
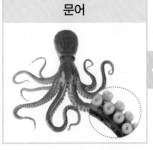	미끄러운 벽에 물체를 붙이는 데 활용할 수 있어요.

문어가 다리에 빨판이 있어 물체를 잡고 놓치지 않는 모습을 보고 흡착 고무를 만들었습니다.

도마뱀붙이	유리에 붙는 장갑

도마뱀붙이가 발바닥에 매우 가는 털이 있어 미끄러운 곳에 잘 붙는 모습을 보고 유리에 붙는 장갑을 만들었습니다.

창의융합 과학기술 야생 속으로 들어간 스파이 로봇

사람들은 스파이 로봇을 이용해 다양한 동물의 특징을 연구합니다.

활동 동물의 특징을 닮은 스파이 로봇 설계하기

동물의 생김새, 사는 환경, 생활 모습 등을 알아보기 위한 스파이 로봇을 설계해 봅시다.
❶ 스파이 로봇으로 만들 동물을 정하고, 동물의 특징과 사는 환경을 생각합니다.
❷ 내가 만들 스파이 로봇을 그리고, 로봇을 통해 알고 싶은 내용을 글로 표현합니다.

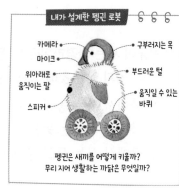
내가 설계한 펭귄 로봇
카메라 · 구부러지는 목
마이크
위아래로 움직이는 팔 · 부드러운 털
스피커 · 움직일 수 있는 바퀴
펭귄은 새끼를 어떻게 키울까?
무리 지어 생활하는 까닭은 무엇일까?

활동 결과 예시

추운 곳에서 사는 펭귄이 어떻게 생활하는지 알아보기 위해 펭귄 스파이 로봇을 설계했다.

★ **모방** 다른 것의 특징을 흉내 내거나 본뜨는 것
★ **흡착** 어떤 물질이 달라붙음.
★ **내시경** 몸의 내부를 관찰하는 기계

바른답·알찬풀이 6쪽

스스로 확인해요

『과학』 30 쪽

1 동물의 (　　　)을/를 모방하여 수영용 오리발, 흡착 고무 등을 만들어 사용합니다.

2 (문제 해결) 동물의 특징을 모방하여 로봇을 만든다면 어떤 동물이 좋을지, 그 까닭을 함께 설명해 봅시다.

문제로 개념 탄탄

말풍선: 학습한 내용을 확인해 보세요.

핵심 콕

❶ **생활 속 동물의 특징 모방:** 우리가 생활 속에서 사용하는 물건 중에는 동물의 ☐☐을/를 모방하여 활용하는 것이 있습니다. 예 수영용 오리발, 흡착 고무, 유리에 붙는 장갑

[1~3] 다음은 동물의 특징을 모방하여 만든 여러 가지 물건입니다. 물음에 답해 봅시다.

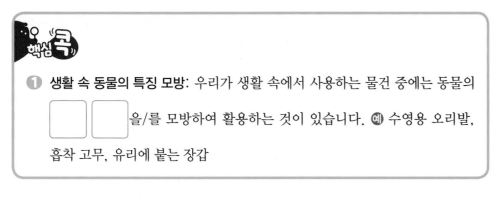

수영용 오리발   흡착 고무   유리에 붙는 장갑

1 위 물건 중 오리의 특징을 모방하여 만든 것의 이름을 써 봅시다.

(   )

2 1번 답은 오리의 어떤 특징을 모방하여 만든 것인지 **보기** 에서 골라 기호를 써 봅시다.

보기
ㄱ 깃털 색깔   ㄴ 부리 모양   ㄷ 발의 물갈퀴

(   )

3 위 물건에 대한 설명으로 옳은 것에 ○표, 옳지 <u>않은</u> 것에 ×표 해 봅시다.

(1) 수영용 오리발은 물에서 빠르게 헤엄칠 수 있게 도와준다. (   )

(2) 흡착 고무는 미끄러운 벽에 물체를 붙이는 데 활용할 수 있다. (   )

(3) 흡착 고무와 유리에 붙는 장갑은 같은 동물의 특징을 모방하여 만든 것이다.

(   )

공부한 내용을

😊 자신 있게 설명할 수 있어요.

😐 설명하기 조금 힘들어요.

😟 어려워서 설명할 수 없어요.

01 다음 중 사막의 환경에 대한 설명으로 옳은 것은 어느 것입니까? ( )

① 그늘이 많다.

② 모래바람이 분다.

③ 비가 많이 내린다.

④ 하루 종일 매우 덥다.

⑤ 동물이 먹을 먹이가 풍부하다.

[02~04] 다음은 여러 가지 동물입니다. 물음에 답해 봅시다.

낙타

사막여우

전갈

사막 거북

02 위 동물이 사는 곳으로 옳은 것은 어느 것입니까? ( )

① 강

② 들

③ 바다

④ 사막

서술형
03 전갈이 **02**번 답의 환경에서 잘 살 수 있는 특징을 설명해 봅시다.

....

....

중요
04 다음은 앞의 동물에 대한 학생 (가)~(다)의 대화입니다. 옳게 말한 학생은 누구인지 써 봅시다.

사막여우는 콧구멍을 여닫을 수 있어 콧속으로 모래 먼지가 잘 들어가지 않아.

낙타는 몸에 비해 큰 귀를 가지고 있어 체온을 잘 조절할 수 있어.

사막 거북은 앞다리로 땅을 팔 수 있어 더운 낮에 땅굴에 들어가 쉬기도 해.

(가)　　　　(나)　　　　(다)

( )

중요
05 오른쪽 사막 도마뱀에 대한 설명으로 옳은 것을 [보기]에서 골라 기호를 써 봅시다.

보기
㉠ 눈썹이 길어 강한 햇빛과 모래 먼지로부터 눈을 보호할 수 있다.

㉡ 서 있거나 이동할 때 한 번에 두 발씩 번갈아 들어 올려 발의 열을 식힌다.

㉢ 귓속에 털이 많아 모래바람이 불어도 귓속으로 모래 먼지가 잘 들어가지 않는다.

( )

1
단원

공부한 날

월

일

중요
06 다음은 동물이 사는 환경과 관련된 동물의 생김새와 생활 방식에 대한 설명입니다. (　　) 안에 들어갈 알맞은 말을 각각 써 봅시다.

> • (㉠)에서 사는 동물 중에 다리가 있는 동물은 다리로 걷거나 기어 다니고, 다리가 없는 동물은 몸통으로 기어 다닌다.
> • (㉡)에서 사는 동물 중에 지느러미가 있는 동물은 헤엄치고, 다리가 있는 동물은 걸어 다니기도 한다. 또, 지느러미와 다리가 없는 동물은 기어 다닌다.

㉠: (　　　　　), ㉡: (　　　　　)

[07~08] 오른쪽은 동물의 특징을 모방하여 만든 흡착 고무입니다. 물음에 답해 봅시다.

07 위 흡착 고무를 만들 때 모방한 동물은 어느 것입니까? (　　　)

①
까치

②
문어

③
송사리

④
고양이

중요
08 앞의 흡착 고무는 **07**번 답의 어떤 특징을 모방하여 만든 것인지 **보기**에서 골라 기호를 써 봅시다.

> **보기**
> ㉠ 늘어났다 쪼그라들며 이동한다.
> ㉡ 다리에 빨판이 있어 잡은 물체를 놓치지 않는다.
> ㉢ 피부에 있는 돌기가 물이 흐르면서 생기는 소용돌이를 막아 주어 빠르게 움직인다.

(　　　　　　)

09 오른쪽 도마뱀붙이는 발바닥에 매우 가는 털이 있어 미끄러운 곳에 잘 붙습니다. 이를 모방하여 만든 것의 기호를 써 봅시다.

㉠

집게 차

㉡
유리에 붙는 장갑

(　　　　　　)

서술형
10 오른쪽은 동물의 특징을 모방하여 만든 수영용 오리발입니다. 모방한 동물의 이름을 쓰고, 모방한 특징을 설명해 봅시다.

_____

_____

교과서 쏙쏙

 놀이로 정리해요 친구들과 놀이를 하면서 이 단원의 학습 내용을 정리해 봅시다.

놀이 방법

준비물 •• 그림 도구

① 가위바위보로 순서를 정한 후, 순서대로 원하는 문제를 풉니다.

② 정답을 맞히면 1 점을 얻고, 그 칸을 각자 선택한 색깔로 칠합니다.

③ 색칠한 칸이 3 개 이상 이어지면 추가 점수 1 점을 얻습니다.

④ 모든 칸을 색칠하면 놀이가 끝나고, 최종 점수가 높은 사람이 승리합니다.

① 우리 주변에서 사는 동물 세 가지 말하기

② 동물을 '예쁜가?'라는 분류 기준으로 분류할 수 있다. (○, X)

③ 땅에서 사는 동물 중에 기어 다니는 동물 두 가지 말하기

④ 땅속과 땅 위를 오가면서 사는 동물 한 가지 말하기

⑤ 물에서 사는 동물은 모두 헤엄쳐 이동한다. (○, X)

⑥ 물에서 사는 동물 두 가지 말하기

⑦ 날아다니는 새와 곤충의 공통점 말하기

⑧ 사막에서 사는 동물 두 가지 말하기

⑨ 동물의 특징을 모방한 예 한 가지와 활용한 특징 말하기

답안 길잡이 ❶ 개, 고양이, 참새, 까치, 개구리, 매미, 송사리, 지렁이, 거미, 개미 등 ❷ X ❸ 지렁이, 뱀 등 ❹ 개미, 뱀 등 ❺ X
❻ 미꾸라지, 메기, 붕어, 다슬기, 상어, 고등어, 오징어, 전복, 게 등 ❼ 날개가 있다. ❽ 낙타, 전갈, 사막여우, 사막 도
마뱀, 사막 거북 등 ❾ 수영용 오리발 – 오리는 발에 물갈퀴가 있어 물에서 빠르게 헤엄칠 수 있다. 흡착 고무 – 문어는
다리에 빨판이 있어 잡은 물체를 놓치지 않는다. 유리에 붙는 장갑 – 도마뱀붙이는 발바닥에 매우 가는 털이 있어 미끄
러운 물체에 잘 달라붙는다. 등

개념을 정리해요

빈칸을 연필로 칠하면서 학습한 개념을 정리해 봅시다.

❶ 동물 분류

● 주변에 사는 동물: 우리 주변에는 참새, 개미 등 여러 가지 ❶ [동물] 이/가 살고, 동물마다 생김새와 움직이는 모습이 다름.

● 동물 분류: 동물을 특징에 따라 '다리가 있는가?', '물속에서 살 수 있는가?' 등의 ❷ [분류] 기준으로 분류할 수 있음.

풀이 우리 주변에는 여러 가지 동물이 살며, 동물마다 생김새와 움직이는 모습이 다릅니다. 동물은 생김새, 사는 곳 등의 특징에 따라 분류할 수 있습니다.

❷ 동물의 생김새와 생활 방식

● 땅에서 사는 동물: ❸ [다리] 이/가 있는 동물은 걷거나 기어서 이동하고, 다리가 없는 동물은 기어서 이동함. 예 다람쥐, 지렁이 등

● 물에서 사는 동물: ❹ [지느러미] 이/가 있는 동물은 헤엄쳐 이동하고, 다리가 있는 동물은 걸어서 이동하기도 함. 또, 지느러미와 다리가 없는 동물은 기어서 이동함. 예 붕어, 전복 등

● 날아다니는 동물: 날아다니는 새와 곤충은 ❺ [날개] 이/가 있음. 예 까치, 나비 등

● ❻ [사막] 에서 사는 동물: 물과 먹이가 부족하고 모래바람이 불며, 낮에 덥고 밤에 추운 환경에서 생활할 수 있는 특징이 있음. 예 낙타, 사막여우 등

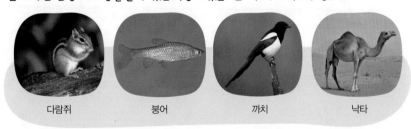

다람쥐　　붕어　　까치　　낙타

풀이 동물의 생김새와 생활 방식은 동물이 사는 환경과 관련되어 있습니다.

❸ 동물의 특징 모방

● 생활 속에서 사용하는 수영용 오리발, 흡착 고무 등은 동물의 ❼ [특징] 을/를 모방하여 활용한 물건임.

풀이 우리가 생활 속에서 사용하는 물건 중에는 동물의 생김새와 같은 특징을 모방하여 활용하는 것이 있습니다.

창의적으로 생각해요

『과학』34쪽

생물자원관에서 만난 동식물을 보호하기 위해 어떤 노력을 할 수 있을지 이야기해 봅시다.

예시 답안 동물을 함부로 잡지 않고, 식물을 함부로 뽑지 않는다.

문제로 달기

[01~02] 다음은 우리 주변에 사는 여러 가지 동물입니다. 물음에 답해 봅시다.

참새　　　　　거미　　　　　달팽이　　　　　개구리　　　　　고양이

01 위 동물을 두 무리로 분류할 수 있는 분류 기준을 보기 에서 골라 기호를 써 봅시다.

보기

㉠ 귀여운가?

㉡ 날개가 있는가?

㉢ 지느러미가 있는가?

(　　　㉡　　　)

풀이 '귀여운가?'와 같이 사람마다 다르게 판단하는 기준은 분류 기준이 될 수 없습니다.

02 위 동물을 '다리가 있는가?'라는 분류 기준으로 분류할 때 분류 결과가 다른 동물의 이름을 써 봅시다.

(　　　달팽이　　　)

풀이 참새, 거미, 개구리, 고양이는 모두 다리가 있는 동물이고, 달팽이는 다리가 없는 동물입니다.

03 오른쪽은 땅에서 사는 다람쥐입니다. 다람쥐의 특징으로 옳은 것을 보기 에서 골라 기호를 써 봅시다.

보기

㉠ 다리로 걷거나 뛰어다닌다.

㉡ 땅속과 땅 위를 오가면서 생활한다.

㉢ 날카로운 앞다리로 땅을 팔 수 있다.

(　　　㉠　　　)

풀이 다람쥐는 땅 위에서 생활하며, 다리로 걷거나 뛰어다닙니다.

04 다음 중 땅에서 사는 동물과 물에서 사는 동물을 순서대로 옳게 짝 지은 것은 어느 것입니까? (④)

① 메기-개미 　　② 상어-붕어 　　③ 전복-오징어

④ 너구리-전복 　　⑤ 뱀-땅강아지

> **풀이** 개미, 너구리, 뱀, 땅강아지는 모두 땅에서 사는 동물이고, 메기, 상어, 붕어, 전복, 오징어는 모두 물에서 사는 동물입니다.

05 다음 동물이 날아다닐 수 있는 공통점으로 옳은 것은 어느 것입니까? (①)

① 날개가 있다. 　　　　② 발에 물갈퀴가 있다.

③ 머리에 더듬이가 있다. 　④ 몸이 마디로 되어 있다.

⑤ 몸이 비늘로 덮여 있다.

> **풀이** 날아다니는 새와 곤충은 날개가 있어 날아다닐 수 있습니다.

06 생활 속에서 동물의 특징을 모방하여 활용한 물건을 사용하며 나눈 학생들의 대화입니다. 모방한 동물을 옳게 말한 학생은 누구인지 써 봅시다.

(　　(나)　　)

> **풀이** 도마뱀붙이를 모방하여 만든 것은 유리에 붙는 장갑이고, 오리의 물갈퀴를 모방하여 만든 것은 수영용 오리발입니다.

07 사고 탐구

다음은 사막에서 사는 낙타의 생김새에 대한 설명입니다. **틀린** 설명의 기호를 쓰고, 옳게 고쳐 써 봅시다.

> 낙타는 ㉠ 등에 혹이 있어서 먹이가 부족해도 생활할 수 있다. 또, 낙타는 ㉡ 눈썹이 짧아서 강한 햇빛으로부터 눈을 보호할 수 있고, ㉢ 콧구멍을 여닫을 수 있어서 모래 먼지가 콧속으로 잘 들어가지 않는다.

예시 답안 ㉡, 눈썹이 길어서

풀이 낙타는 등에 있는 혹에 지방이 들어 있어서 먹이가 부족해도 생활할 수 있고, 눈썹이 길어서 강한 햇빛으로부터 눈을 보호할 수 있습니다. 또, 낙타는 콧구멍을 여닫을 수 있어서 모래 먼지가 콧속으로 잘 들어가지 않습니다.

채점 기준	
상	틀린 설명을 찾고, 옳게 고쳐 쓴 경우
중	틀린 설명을 찾았으나 옳게 고쳐 쓰지 못한 경우

08 사고 탐구

다음 흡착 고무는 문어 빨판의 어떤 특징을 모방한 것인지 설명해 봅시다.

 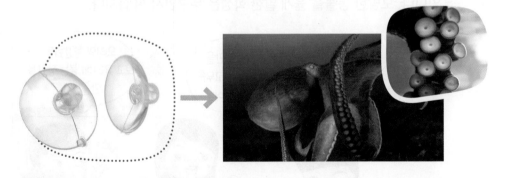

예시 답안 물체를 잡고 놓치지 않는다.

풀이 문어가 다리에 빨판이 있어 물체를 잡고 놓치지 않는 모습을 보고 흡착 고무를 만들었습니다.

채점 기준	
상	문어 빨판의 특징을 옳게 설명한 경우
중	문어 빨판의 생김새를 모방했다고 설명한 경우

그림으로 단원 정리하기

● 그림을 보고, 빈칸에 알맞은 내용을 써 봅시다.

01 동물 분류
G 8쪽

- 우리 주변에는 여러 가지 동물이 살고, 동물마다 생김새와 움직이는 모습이 다릅니다.
- 동물은 생김새, 사는 곳 등의 ❶ ⬭ 에 따라 분류할 수 있습니다.

분류 기준: 다리가 있는가?

O 예

까치   고양이

X 아니요

달팽이   송사리

03 동물의 특징 모방
G 24쪽

우리가 생활 속에서 사용하는 물건 중에는 동물의 특징을 ❻ ⬭ 하여 활용하는 것이 있습니다.

오리

오리 발의 특징을 모방하여 만든 수영용 오리발

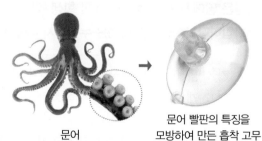

문어

문어 빨판의 특징을 모방하여 만든 흡착 고무

02 동물의 생김새와 생활 방식
G 12쪽, 16쪽, 18쪽, 22쪽

- 동물은 다양한 환경에서 살고, 동물의 생김새와 생활 방식은 ❷ ⬭ 과/와 관련되어 있습니다.
- ❸ ⬭ 에서 사는 동물: 다리가 있는 동물은 다리로 걷거나 기어 다니고, 다리가 없는 동물은 몸통으로 기어 다닙니다.

너구리   뱀

- ❹ ⬭ 에서 사는 동물: 지느러미가 있는 동물은 헤엄치고, 다리가 있는 동물은 걸어 다니기도 합니다. 또, 지느러미와 다리가 없는 동물은 기어 다닙니다.

메기   게

- 날아다니는 동물: 날아다니는 새와 곤충은 ❺ ⬭ 이/가 있습니다.

꾀꼬리   호랑나비

- 사막에서 사는 동물: 사막의 환경에서도 잘 살 수 있는 특징이 있습니다.

사막여우   사막 거북

답 ❶ 특징 ❷ 환경 ❸ 땅 ❹ 강이나 호수 ❺ 날개 ❻ 모방

[01~04] 다음은 여러 가지 동물입니다. 물음에 답해 봅시다.

송사리   참새   고양이

달팽이   지렁이   매미

04 앞의 동물을 다음과 같이 분류할 수 있는 분류 기준으로 옳은 것을 보기 에서 골라 기호를 써 봅시다.

예	아니요
참새, 고양이, 매미	송사리, 달팽이, 지렁이

보기
㉠ 날개가 있는가?
㉡ 다리가 있는가?
㉢ 물속에서 사는가?

(   )

01 위 동물 중 다음과 같은 특징이 있는 동물의 이름을 써 봅시다.

• 딱딱한 껍데기를 가지고 있다.
• 기어서 이동한다.

(   )

02 위 동물에 대한 설명으로 옳은 것을 보기 에서 골라 기호를 써 봅시다.

보기
㉠ 참새와 매미는 모두 날개가 있다.
㉡ 고양이와 지렁이는 모두 물속에서 산다.
㉢ 송사리와 달팽이는 모두 몸이 털로 덮여 있다.

(   )

03 위 동물 중 땅속에서 사는 동물의 이름을 써 봅시다.

(   )

05 다음 중 땅에서 사는 동물이 <u>아닌</u> 것은 어느 것입니까? (   )

① 뱀
② 붕어
③ 너구리
④ 메뚜기

06 다음은 땅에서 사는 동물에 대한 학생 (가)~(다)의 대화입니다. 옳게 말한 학생은 누구인지 써 봅시다.

• (가): 땅에서 사는 동물은 모두 다리가 있어.
• (나): 개미처럼 땅 위와 땅속을 오가면서 사는 동물도 있지.
• (다): 땅강아지는 지느러미로 헤엄쳐 이동해.

(   )

[07~08] 다음은 물에서 사는 동물입니다. 물음에 답해 봅시다.

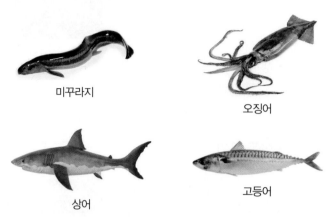

미꾸라지

오징어

상어

고등어

07 위 동물 중 사는 곳이 나머지와 <u>다른</u> 하나의 이름을 써 봅시다.

(   )

08 위 동물의 이동 방법으로 옳은 것은 어느 것입니까? (   )

① 움직이지 않는다.

② 날개로 날아다닌다.

③ 다리로 걸어 다닌다.

④ 지느러미로 헤엄친다.

⑤ 몸통으로 기어 다닌다.

09 다음 중 날아다니는 새끼리 옳게 짝 지은 것은 어느 것입니까? (   )

① 까치, 박새   ② 매미, 전복

③ 갈매기, 다람쥐   ④ 너구리, 다슬기

⑤ 잠자리, 호랑나비

10 오른쪽 꾀꼬리에 대한 설명으로 옳지 <u>않은</u> 것은 어느 것입니까? (   )

① 다리가 있다.

② 날개로 날아다닌다.

③ 몸이 깃털로 덮여 있다.

④ 숲이나 들에서 볼 수 있다.

⑤ 몸이 머리, 가슴, 배로 구분된다.

11 오른쪽 낙타가 사막의 환경에서 잘 살 수 있는 특징으로 옳은 것은 어느 것입니까? (   )

① 앞다리로 땅굴을 팔 수 있다.

② 몸에 비해 큰 귀를 가지고 있다.

③ 몸이 딱딱한 껍데기로 덮여 있다.

④ 등에 있는 혹에 지방이 들어 있다.

⑤ 서 있거나 이동할 때 한 번에 두 발씩 번갈아 들어 올린다.

12 오른쪽 유리에 붙는 장갑을 만들 때 모방한 동물의 특징으로 옳은 것을 **보기** 에서 골라 기호를 써 봅시다.

보기

㉠ 문어는 다리에 빨판이 있어 물체를 잡고 놓치지 않는다.

㉡ 오리는 발에 물갈퀴가 있어 물에서 빠르게 헤엄칠 수 있다.

㉢ 도마뱀붙이는 발바닥에 매우 가는 털이 있어 미끄러운 곳에 잘 붙는다.

(   )

서술형 문제

13 다음은 분류 기준에 따라 동물을 분류한 것입니다. 잘못 분류된 동물의 이름을 쓰고, 그 까닭을 설명해 봅시다.

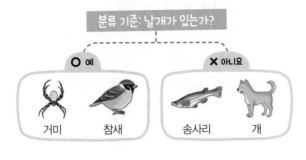

분류 기준: 날개가 있는가?

○ 예: 거미, 참새
✕ 아니요: 송사리, 개

....

....

14 다음 다람쥐와 두더지의 공통점을 두 가지 설명해 봅시다.

다람쥐　　　　　두더지

....

....

15 오른쪽 메기의 이동 방법을 생김새와 관련지어 설명해 봅시다.

....

....

16 오른쪽 잠자리의 생김새와 이동 방법을 설명해 봅시다.

• 생김새:
....

....

• 이동 방법:
....

17 오른쪽 사막여우가 사막의 환경에서 잘 살 수 있는 특징을 설명해 봅시다.

....

....

18 오른쪽은 동물의 특징을 모방하여 만든 흡착 고무입니다. 모방한 동물의 이름을 쓰고, 모방한 특징을 설명해 봅시다.

....

....

01 다음은 여러 가지 동물입니다.

고양이 　거미 　참새 　개미 　송사리

매미 　까치 　지렁이 　달팽이 　개

(1) 위 동물을 '다리가 있는가?'라는 분류 기준에 따라 분류할 때 '아니요'에 해당하는 동물의 이름을 모두 써 봅시다.

(　　　　　　　　　　　)

(2) ⑴의 분류 기준 이외에 위 동물을 분류할 수 있는 분류 기준을 두 가지 설명해 봅시다.

_____

성취 기준
여러 가지 동물을 관찰하여 특징에 따라 동물을 분류할 수 있다.

출제 의도
여러 가지 동물을 관찰하여 동물을 분류할 수 있는 분류 기준을 세우고, 분류 기준에 따라 동물을 분류하는 문제예요.

관련 개념
비슷한 특징을 가진 동물끼리 분류하기 　G 8 쪽

02 다음은 여러 가지 동물입니다.

게 　　개미 　　상어

너구리 　　다슬기 　　지렁이

(1) 위 동물 중 땅에서 사는 동물의 이름을 모두 쓰고, 땅에서 사는 동물의 이동 방법을 생김새와 관련지어 설명해 봅시다.

_____

(2) 위 동물 중 물에서 사는 동물의 이름을 모두 쓰고, 물에서 사는 동물의 이동 방법을 생김새와 관련지어 설명해 봅시다.

_____

성취 기준
동물의 생김새와 생활 방식이 환경과 관련되어 있음을 설명할 수 있다.

출제 의도
동물의 사는 곳을 알아보고, 사는 곳에 따른 동물의 생김새와 생활 방식을 설명하는 문제예요.

관련 개념
땅에서 사는 동물의 생김새와 생활 방식 조사하기 　G 12 쪽
물에서 사는 동물의 생김새와 생활 방식 조사하기 　G 16 쪽

정답 확인

[01~03] 다음은 여러 가지 동물입니다. 물음에 답해 봅시다.

고양이　　거미　　참새　　개미

소금쟁이　　매미　　까치　　개

01 위 동물을 두 무리로 분류할 수 있는 분류 기준을 보기에서 골라 기호를 써 봅시다.

　보기
　㉠ 다리가 있는가?
　㉡ 날개가 있는가?
　㉢ 물속에서 사는가?

(　　　　　　　)

02 위 동물을 **01**번 답의 분류 기준에 따라 분류해 써 봅시다.

예	아니요
(1)	(2)

03 오른쪽 개구리를 **01**번 답의 분류 기준에 따라 분류할 때 '예'와 '아니요' 중 어디에 해당하는지 써 봅시다.

(　　　　　　　)

04 다음 중 땅에서 사는 동물끼리 옳게 짝 지은 것은 어느 것입니까? (　　　　　)

① 뱀, 오징어　　② 개미, 고등어
③ 메기, 지렁이　　④ 두더지, 미꾸라지
⑤ 메뚜기, 땅강아지

05 오른쪽 다람쥐에 대한 설명으로 옳은 것은 어느 것입니까? (　　　　　)

① 다리가 없다.
② 땅속에서 산다.
③ 몸이 털로 덮여 있다.
④ 머리에 더듬이가 있다.
⑤ 몸통으로 기어 다닌다.

06 다음과 같은 특징이 있는 동물은 어느 것입니까? (　　　　　)

・강이나 호수의 물속에서 산다.
・몸이 딱딱한 껍데기로 덮여 있다.
・바위나 바닥에 붙어서 기어 다닌다.

① 메기　　② 전복
③ 고등어　　④ 다슬기

➔ 바른답·알찬풀이 10 쪽

07 오른쪽 미꾸라지에 대한 설명으로 옳은 것을 두 가지 골라 봅시다.

(,)

① 다리가 있다.
② 바다에서 산다.
③ 지느러미로 헤엄친다.
④ 몸이 길고 표면이 매끄럽다.
⑤ 몸이 머리, 가슴, 배로 구분된다.

08 다음 중 날아다니는 동물은 어느 것입니까?

( )

①
개미

②
박새

③
오징어

④
지렁이

09 다음 매미와 까치의 공통점으로 옳은 것은 어느 것입니까? ( )

매미

까치

① 곤충이다.
② 날개로 날아다닌다.
③ 지느러미로 헤엄친다.
④ 몸통으로 기어 다닌다.
⑤ 몸이 깃털로 덮여 있다.

[10~11] 다음은 동물이 사는 다양한 환경입니다. 물음에 답해 봅시다.

강

들

사막

10 위 환경 중 다음과 같은 특징이 있는 환경을 써 봅시다.

• 낮에는 덥고 밤에는 춥다.
• 물과 먹이가 부족하고 모래바람이 분다.

( )

11 10번 답의 환경에서 사는 동물에 대한 설명으로 옳지 않은 것을 **보기**에서 골라 기호를 써 봅시다.

보기
㉠ 낙타는 앞다리로 땅을 팔 수 있어 더운 낮에 땅굴에 들어가 쉴 수 있다.
㉡ 사막여우는 몸에 비해 큰 귀를 가지고 있어 체온을 잘 조절할 수 있다.
㉢ 전갈은 몸이 딱딱한 껍데기로 덮여 있어 몸에 있는 물이 밖으로 잘 빠져나가지 않는다.

( )

12 다음 중 오리의 특징을 모방하여 만든 것은 어느 것입니까? ( )

①
풍선

②
흡착 고무

③
수영용 오리발

④
유리에 붙는 장갑

서술형 문제

13 다음과 같이 동물을 분류할 수 있는 분류 기준을 두 가지 설명해 봅시다.

예	아니요
참새 까치 매미	송사리 지렁이 달팽이

....

....

14 오른쪽 지렁이가 사는 곳을 쓰고, 이동 방법을 설명해 봅시다.

• 사는 곳: ....

• 이동 방법: ....

....

[15~17] 다음은 여러 가지 동물입니다. 물음에 답해 봅시다.

낙타   상어   갈매기

15 위 동물 중 물에서 사는 동물의 이름을 쓰고, 그 동물의 이동 방법을 설명해 봅시다.

....

....

16 앞의 동물 중 날아다니는 동물의 이름을 쓰고, 그 동물의 생김새를 설명해 봅시다.

....

....

17 앞의 동물 중 사막에서 사는 동물의 이름을 쓰고, 그 동물이 사막에서 잘 살 수 있는 특징을 설명해 봅시다.

....

....

18 다음은 동물의 특징 모방에 대한 학생 (가)~(다)의 대화입니다. 잘못 말한 학생의 이름을 쓰고, 옳게 고쳐 설명해 봅시다.

우리가 생활 속에서 사용하는 물건 중에는 동물의 특징을 모방한 것이 없어.

동물의 특징을 모방하여 로봇을 만들기도 해.

유리에 붙는 장갑은 도마뱀붙이의 특징을 모방하여 만든 것이야.

(가)   (나)   (다)

....

....

01 다음은 여러 가지 동물입니다.

사막 도마뱀

사막 거북

(1) 위 동물이 사는 곳의 환경을 두 가지 설명해 봅시다.

_____

(2) 위 동물이 (1)의 답과 같은 환경에서 잘 살 수 있는 특징을 각각 설명해 봅시다.

_____

성취 기준

동물의 생김새와 생활 방식이 환경과 관련되어 있음을 설명할 수 있다.

출제 의도

동물이 사는 사막의 환경을 이해하고, 사막에서 잘 살 수 있는 동물의 특징을 설명하는 문제예요.

관련 개념

사막에서 사는 동물의 생김새와 생활 방식 조사하기　G 22 쪽

02 다음은 동물의 특징을 모방하여 만든 여러 가지 물건입니다.

수영용 오리발

흡착 고무

(1) 다음은 위 물건에 대한 설명입니다. (　　) 안에 들어갈 알맞은 동물의 이름을 각각 써 봅시다.

> 수영용 오리발은 (　⊙　)의 특징을 모방하여 만든 것이고, 흡착 고무는 (　ⓒ　)의 특징을 모방하여 만든 것이다.

⊙: (　　　　　　　　), ⓒ: (　　　　　　　　)

(2) 위 물건은 어떤 특징을 모방하여 만든 것인지 각각 설명해 봅시다.

_____

성취 기준

동물의 특징을 모방하여 생활 속에서 활용하고 있는 사례를 발표할 수 있다.

출제 의도

우리가 생활 속에서 사용하는 물건 중에 동물의 특징을 모방한 것이 있음을 알고, 각 물건이 어떤 동물의 특징을 모방하여 만들어진 것인지 설명하는 문제예요.

관련 개념

동물의 특징을 모방하여 생활 속에서 활용하는 예 조사하기
G 24 쪽

2 지표의 변화

이 단원에서 무엇을 공부할지 알아보아요.

『과학』 36~37 쪽

우리 주변의 흙이 있는 장소

우리 주변에서 흙이 있는 다양한 장소를 알아보고 띠 빙고 놀이를 해 봅시다.

흙이 있는 장소 띠 빙고 놀이 하기

❶ 모둠원과 우리 주변의 흙이 있는 장소를 다섯 군데 정합니다.

❷ ❶에서 정한 장소를 띠 빙고 종이의 각 칸에 한 가지씩 적습니다.

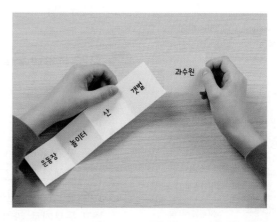

❸ 놀이 순서를 정하고 한 사람이 먼저 흙이 있는 장소를 말합니다.

❹ 나머지 사람은 띠 빙고 종이의 양쪽 끝에 ❸에서 말한 장소가 있으면 한 칸을 찢어 냅니다.

❺ ❸~❹를 반복해 띠 빙고 종이가 모두 없어질 때까지 놀이합니다.

• 흙이 있는 장소에서 흙을 경험한 내용을 모둠원과 이야기해 봅시다.

✏️ 예시 답안 모래사장에서 모래성을 쌓았다. 가족들과 갯벌에서 조개를 잡았다. 친구들과 운동장에서 축구를 했다. 등

여러 장소의 흙

❶ 장소에 따른 흙의 특징 조사하기 탐구

실험 동영상

탐구 과정

❶ 흰 종이 위에 운동장 흙과 화단 흙을 올려놓고 관찰합니다.

❷ 물 빠짐 비교 장치를 만들고 같은 양의 운동장 흙과 화단 흙을 담은 플라스틱 원통에 같은 양의 물을 동시에 부어 3분 동안 빠진 물의 양을 비교합니다.

└ 3분 동안 비커에 모인 물의 양이 많으면 물이 더 잘 빠지는 흙이에요.

스탠드
거치대
플라스틱 원통
운동장 흙
화단 흙
비커

⬆ 물 빠짐 비교 장치

탐구 결과

구분	운동장 흙	화단 흙
모습		
색깔	밝은 갈색	어두운 갈색
알갱이의 크기	큰 알갱이가 많음.	운동장 흙보다 작은 알갱이가 많음.
촉감	거칢.	부드러움.
물 빠짐	대체로 화단 흙보다 물이 잘 빠짐.	대체로 운동장 흙보다 물이 덜 빠짐.
기타	주로 모래와 흙 알갱이만 보임.	나뭇가지, 나뭇잎 조각이 섞여 있음.

➡ 장소에 따라 흙의 색깔, 알갱이의 크기, 촉감, 물 빠짐, 부식물의 양 등과 같은 특징이 다릅니다.

❷ 흙에 포함된 물질 조사하기 탐구

실험 동영상

탐구 과정

❶ 운동장 흙과 화단 흙을 담은 두 비커에 같은 양의 물을 붓고 유리 막대로 저은 뒤 잠시 놓아둡니다.

❷ 두 비커에서 물에 뜬 물질의 양을 비교합니다.

❸ 물에 뜬 물질을 핀셋으로 건져 거름종이 위에 올려놓고 돋보기로 관찰합니다.

⬆ 운동장 흙　　⬆ 화단 흙

탐구 결과

구분	운동장 흙	화단 흙
물에 뜬 물질의 양	적음.	많음.
물에 뜬 물질의 종류	거의 없음.	나뭇가지, 나뭇잎 조각, 죽은 동물 등이 썩은 부식물

➡ 화단 흙과 같이 식물이 잘 자라는 흙에는 부식물이 많이 포함되어 있습니다.

실험 관찰

운동장 흙과 화단 흙에서 빠진 물의 양 비교하기

• 같은 시간 동안 운동장 흙에서 빠진 물의 양이 화단 흙에서 빠진 물의 양보다 많습니다.

• 운동장 흙이 화단 흙보다 물이 더 잘 빠지는 흙입니다.

⬆ 운동장 흙에서　⬆ 화단 흙에서
　빠진 물의 양　　빠진 물의 양

운동장 흙과 화단 흙에 포함된 물질

⬆ 운동장 흙의　⬆ 화단 흙의
　물에 뜬 물질　　물에 뜬 물질

용어 사전

★ 거름종이　액체 속에 가라앉은 물질이나 순수하지 않은 물질을 걸러 내는 종이

바른답·알찬풀이 12쪽

스스로 확인해요

『과학』 41쪽

1 운동장 흙은 대체로 화단 흙보다 알갱이의 크기가 (큽니다, 작습니다).

2 화단 흙에는 나뭇가지, 나뭇잎 조각, 죽은 동물 등이 썩은 (　　　)이/가 많이 포함되어 있습니다.

3 탐구 우리 주변에서 화단 흙처럼 식물이 잘 자라는 흙을 찾아 설명해 봅시다.

→ 바른답·알찬풀이 12 쪽

문제로 개념 탄탄

학습한 내용을 확인해 보세요.

핵심 콕

❶ 운동장 흙은 화단 흙보다 대체로 색깔이 밝고, ☐☐☐ 의 크기가 크며, 물이 잘 빠집니다.

❷ ☐☐ 에 따라 흙의 색깔, 알갱이의 크기, 촉감, 물 빠짐, 부식물의 양 등과 같은 특징이 다릅니다.

❸ 화단 흙과 같이 식물이 잘 자라는 흙에는 ☐☐☐ 이/가 많이 포함되어 있습니다.

1 다음과 같은 특징이 있는 흙은 운동장 흙과 화단 흙 중 무엇인지 써 봅시다.

> • 어두운 갈색을 띠고, 알갱이의 크기가 작다.
> • 손으로 만지면 부드러운 느낌이 든다.
> • 나뭇가지나 나뭇잎 조각이 섞여 있다.

( )

2 오른쪽은 운동장 흙과 화단 흙이 담긴 비커에 같은 양의 물을 붓고 유리 막대로 저은 뒤 잠시 놓아둔 모습입니다. ㉠과 ㉡ 중 화단 흙이 들어 있는 것을 골라 기호를 써 봅시다.

( )

3 다음은 운동장 흙과 화단 흙에 대한 설명입니다. 옳은 것에 ○표, 옳지 <u>않은</u> 것에 ×표 해 봅시다.

(1) 운동장 흙은 대체로 화단 흙보다 물이 잘 빠진다. ( )

(2) 운동장 흙보다 화단 흙에서 식물이 더 잘 자란다. ( )

(3) 운동장 흙은 화단 흙보다 부식물이 많이 포함되어 있다. ( )

공부한 내용을

😊 자신 있게 설명할 수 있어요.

🙂 설명하기 조금 힘들어요.

😞 어려워서 설명할 수 없어요.

흙의 생성 과정

모형실험과 실제 흙이 만들어지는 과정의 차이점

* 모형실험에서 플라스틱 통을 흔들면 과자가 금방 부서지지만, 실제 바위나 돌이 부서져 흙이 만들어지는 데는 오랜 시간이 걸립니다.
* 모형실험에서는 과자들이 서로 부딪쳐 부서지지만, 실제 흙이 만들어지는 과정에서는 바위나 돌이 물, 공기, 생물 등 다양한 원인에 의해 잘게 부서집니다.

과자의 모습

⬆ 플라스틱 통을 흔들기 전 과자의 모습

⬆ 플라스틱 통을 흔든 후 과자의 모습

용어 사전

★ **모형실험** 어떠한 현상을 알아보기 위해 모형을 만들어 실험을 하는 것

❶ 흙이 만들어지는 과정 모형실험 하기 🔍탐구

탐구 과정

❶ 흰 종이 위에 과자를 올려놓고 관찰한 후, 과자의 모습을 그려 봅니다.

❷ 투명한 플라스틱 통에 과자를 $\frac{1}{3}$ 정도 넣고 뚜껑을 닫습니다.

❸ 과정 ❷의 플라스틱 통을 20 번 정도 흔듭니다.

❹ 플라스틱 통의 과자를 흰 종이에 붓고 변화를 관찰한 후, 과자의 모습을 그려 봅니다.

탐구 결과

❶ 플라스틱 통을 흔들기 전과 흔든 후 과자의 모습

흔들기 전	흔든 후

→ 과자가 서로 부딪쳐 부서지며 크기가 작아지고, 가루가 생깁니다.

❷ 모형실험과 실제 흙이 만들어지는 과정 비교하기

모형실험	실제 흙이 만들어지는 과정
플라스틱 통을 흔들기 전 과자의 모습	바위나 돌
플라스틱 통을 흔든 후 과자의 모습	흙

→ 플라스틱 통을 흔들어 과자가 부서지고 크기가 작아지는 것은 실제 자연에서 바위나 돌이 잘게 부서져 흙이 되는 것과 비슷합니다.

❷ 흙이 만들어지는 과정

1 흙이 만들어지는 과정: 바위나 돌이 물, 나무뿌리 등에 의해 오랜 시간 동안 잘게 부서져 흙이 됩니다.

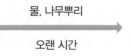

| 바위, 돌 | 물, 나무뿌리 / 오랜 시간 → | 흙 |

2 자연에서 바위가 부서지는 과정

① 바위틈에 스며든 물이 얼고 녹기를 반복하면서 바위틈이 넓어져 바위가 부서집니다.

② 바위틈에 들어간 나무뿌리가 자라면서 바위틈이 넓어져 바위가 부서집니다.

↟ 겨울에 바위틈에 스며든 물이 얼어
바위틈이 넓어진 모습

↟ 바위틈에 들어간 나무뿌리가 자라면서
바위틈이 넓어진 모습

물에 의해 바위가 부서지는 과정
물이 얼어 얼음이 되면 부피가 늘어나면서 바위틈을 넓게 만듭니다. 이 과정이 반복되면 바위틈이 점점 넓어지고, 바위가 쪼개져 작은 조각으로 부서집니다.

2 단원

공부한 날

월

일

창의융합 과학·예술 흙을 보존하며 농사를 짓는 친환경 농법

농사를 지을 때 비료나 농약을 많이 사용하면 흙이 오염되고, 흙에서 자라는 농작물도 오염될 수 있습니다. 친환경 농법은 흙이 오염되지 않게 농사를 짓는 방법입니다. 비료나 농약 대신 오리, 무당벌레, 지렁이와 같은 생물을 이용하면 깨끗한 흙에서 농작물을 키우고, 흙도 보존할 수 있습니다.

활동 흙을 보존하는 방법을 나타내는 그림 그리기

우리 생활에서 흙을 깨끗하게 보존하는 방법을 글과 그림으로 나타내 봅시다.

❶ 흙을 깨끗하게 보존하기 위해 우리 생활에서 실천할 수 있는 방법을 이야기합니다.

❷ 이야기한 방법을 글과 그림으로 나타냅니다.

활동 결과 예시

우리가 버리는 비닐, 플라스틱 같은 쓰레기들은 흙 속에 남아 흙을 오염시킨다. 분리배출을 잘하고 땅에 버려진 쓰레기들을 줍는다면 흙에 묻히는 쓰레기의 양을 줄일 수 있다. 또, 플라스틱 일회용품은 흙 속에서 썩는 데 매우 오랜 시간이 걸린다. 일회용품의 사용을 줄여 플라스틱 쓰레기의 양을 줄인다면 흙을 깨끗하게 보존할

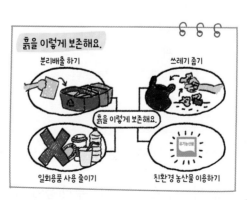

수 있다. 비료나 농약을 적게 사용하는 친환경 농법은 흙의 오염을 줄인다. 친환경 농법으로 재배된 농산물을 많이 이용한다면 비료나 농약의 사용이 줄어들어 흙의 오염을 막을 수 있다.

용어 사전

★ 부피 넓이와 높이를 가진 물건이 공간에서 차지하는 크기

★ 보존 잘 보호하여 남김.

★ 친환경 자연환경을 오염하지 않고 자연 그대로의 환경과 잘 어울리는 일

바른답·알찬풀이 12 쪽

스스로 확인해요 『과학』43 쪽

1 바위나 돌은 오랜 시간 동안 잘게 부서져 (   )이/가 됩니다.

2 (의사소통) 바위가 부서져 흙이 만들어지는 과정과 같이 물체가 부서지는 경우를 찾아 친구들과 함께 이야기해 봅시다.

학습한 내용을
확인해 보세요.

핵심 콕

❶ 투명한 플라스틱 통에 과자를 넣고 흔들었을 때 과자가 서로 부딪쳐 부서지며

[ ] [ ] 이/가 작아지는 것은 흙이 만들어지는 과정과 비슷합니다.

❷ 흙이 만들어지는 과정: 바위나 돌이 오랜 시간 동안 잘게 부서져 [ ] 이/가

됩니다.

[1~2] 오른쪽은 흙이 만들어지는 과정을 알아보기
위해 투명한 플라스틱 통에 과자를 넣고 흔드는
모습입니다. 물음에 답해 봅시다.

1 다음은 위 실험에서 투명한 플라스틱 통을 흔든 후 나타난 과자의 변화에 대한 설명
입니다. ( ) 안에 들어갈 알맞은 말에 ○표 해 봅시다.

> 투명한 플라스틱 통을 흔들면 통 속에 있는 과자의 크기가 (커 , 작아)진다.

2 위 실험과 실제 자연에서 비슷한 것끼리 선으로 이어 봅시다.

(1) 통을 흔들기 전
과자의 모습   ·   · ㉠   흙

(2) 통을 흔든 후
과자의 모습   ·   · ㉡   바위나 돌

3 다음 ( ) 안에 들어갈 알맞은 말을 써 봅시다.

> 바위나 돌이 물, 나무뿌리 등에 의해 오랜 시간 동안 잘게 부서져 ( )
> 이/가 만들어진다.

( )

→ 바른답·알찬풀이 12 쪽

❸ 바위틈에 스며든 [ ]이/가 얼고 녹기를 반복하면서 바위틈이 넓어져 바위가 부서집니다.

❹ 바위틈에 들어간 [ ][ ][ ][ ]이/가 자라면서 바위틈이 넓어져 바위가 부서집니다.

2 단원

공부한 날

월

일

[4~5] 다음은 자연에서 바위가 부서지는 과정입니다. 물음에 답해 봅시다.

㉠

㉡

4 위 과정에서 바위를 부서지게 하는 것을 보기 에서 골라 각각 써 봅시다.

보기
| 물 | 공기 | 동물 | 나무뿌리 |

㉠: (   ), ㉡: (   )

5 다음은 위와 같이 바위가 부서지는 과정에 대한 설명입니다. 옳은 것에 ○표, 옳지 않은 것에 ×표 해 봅시다.

(1) 바위틈에 스며든 물이 얼고 녹기를 반복하면 바위가 부서진다. (   )

(2) 바위틈에 들어간 나무뿌리가 자라면서 바위틈이 점점 좁아진다. (   )

(3) 물이나 나무뿌리 등에 의해 바위가 잘게 부서져 흙이 만들어진다. (   )

(4) 물이나 나무뿌리 등에 의해 바위가 부서지는 데는 매우 짧은 시간이 걸린다.
(   )

공부한 내용을

☺ 자신 있게 설명할 수 있어요.

😐 설명하기 조금 힘들어요.

  ☹ 어려워서 설명할 수 없어요.

01 다음은 운동장 흙과 화단 흙의 모습과 이를 관찰한 결과입니다. (   ) 안에 들어갈 알맞은 말을 각각 써 봅시다.

> • (㉠   )은 색깔이 밝고, 알갱이의 크기가 크며, 촉감이 거칠다.
> • (㉡   )은 색깔이 어둡고, 알갱이의 크기가 작으며, 촉감이 부드럽다.
>
>

㉠: (   ), ㉡: (   )

[02~03] 다음은 운동장 흙과 화단 흙의 물 빠짐을 비교하기 위해 물 빠짐 비교 장치에 같은 양의 물을 동시에 붓고 약 3분 뒤의 모습입니다. 물음에 답해 봅시다.

02 위 ㉠과 ㉡ 중 운동장 흙에 해당하는 것을 골라 기호를 써 봅시다.

(   )

03 위 **02**번의 답과 관련지어 운동장 흙과 화단 흙의 물 빠짐 정도를 비교하여 설명해 봅시다.

....

....

[04~05] 다음과 같이 운동장 흙과 화단 흙이 담긴 비커에 같은 양의 물을 붓고 유리 막대로 저은 뒤 잠시 놓아두었습니다. 물음에 답해 봅시다.

운동장 흙   화단 흙

04 위와 같이 비커를 잠시 동안 놓아둔 뒤 관찰했을 때 물 위에 뜬 물질의 양이 더 많은 흙을 써 봅시다.

(   )

05 위 실험에 대한 설명으로 옳은 것을 보기에서 골라 기호를 써 봅시다.

> **보기**
> ㉠ 운동장 흙과 화단 흙에 포함된 물질들은 모두 가라앉는다.
> ㉡ 운동장 흙과 화단 흙의 알갱이의 크기를 비교하는 실험이다.
> ㉢ 화단 흙에는 나뭇가지, 나뭇잎 조각, 죽은 동물이 썩은 것 등이 포함되어 있다.

(   )

06 다음은 흙에 포함된 물질에 대한 설명입니다. (   ) 안에 들어갈 알맞은 말을 써 봅시다.

> (   )은/는 나뭇가지, 나뭇잎 조각, 죽은 동물 등이 썩은 것으로, 식물이 잘 자라는 데 도움을 준다.

(   )

07 다음 중 운동장 흙과 화단 흙에 대한 설명으로 옳지 <u>않은</u> 것은 어느 것입니까? (　　　)

① 운동장 흙은 대체로 화단 흙보다 색깔이 밝다.

② 운동장 흙은 대체로 화단 흙보다 물이 잘 빠진다.

③ 화단 흙보다 운동장 흙에서 식물이 더 잘 자란다.

④ 운동장 흙은 대체로 화단 흙보다 알갱이의 크기가 크다.

⑤ 운동장 흙보다 화단 흙에 부식물이 더 많이 포함되어 있다.

[08~09] 오른쪽과 같이 투명한 플라스틱 통에 과자를 넣고 흔들었습니다. 물음에 답해 봅시다.

08 다음은 위 실험에 대한 학생 (가)~(다)의 대화입니다. 옳게 말한 학생은 누구인지 써 봅시다.

- (가): 플라스틱 통을 흔들면 과자의 크기가 작아져.
- (나): 바위나 돌이 만들어지는 과정을 알아보는 실험이야.
- (다): 플라스틱 통을 흔들어도 과자의 모양은 변하지 않아.

(　　　)

중요
09 위 실험에서 플라스틱 통을 흔든 후 과자의 모습과 비슷한 것을 보기 에서 골라 써 봅시다.

보기

공기　　물　　흙　　바위

(　　　)

중요
10 흙이 만들어지는 과정에 대한 설명으로 옳지 <u>않은</u> 것을 보기 에서 골라 기호를 써 봅시다.

보기

㉠ 바위나 돌이 뭉쳐서 흙이 된다.

㉡ 바위나 돌이 잘게 부서져 흙이 된다.

㉢ 흙이 만들어지는 데는 오랜 시간이 걸린다.

(　　　)

11 다음은 자연에서 바위가 부서지는 과정입니다. 이에 대한 설명으로 옳은 것을 두 가지 골라 봅시다.

(　　,　　)

① 공기에 의해 바위가 부서지는 과정이다.

② 동물에 의해 바위가 부서지는 과정이다.

③ 나무뿌리에 의해 바위가 부서지는 과정이다.

④ 바위틈에서 나무뿌리가 자라면서 바위틈이 좁아진다.

⑤ 이와 같은 과정으로 바위가 부서지면 흙이 만들어진다.

서술형
12 오른쪽과 같이 바위가 부서지는 과정을 설명해 봅시다.

....

....

흐르는 물에 의한 지표 변화

흙 언덕의 모습 변화와 흐르는 물의 작용

• 흙 언덕의 위쪽과 물이 흘러간 자리에 있던 흙이 깎이는 것은 침식 작용에 해당합니다.

• 물이 흐르며 색 모래를 포함한 흙을 아래쪽으로 옮기는 것은 운반 작용에 해당합니다.

• 흙 언덕의 아래쪽에 흙이 쌓이는 것은 퇴적 작용에 해당합니다.

🎯 용어 사전

★ **지표** 땅의 겉면

바른답·알찬풀이 14쪽

스스로 확인해요
『과학』 47쪽

1 흐르는 (   )은/는 침식 작용과 운반 작용 그리고 퇴적 작용으로 지표의 모습을 변화시킵니다.

2 (사고) 다음과 같이 비가 온 뒤 운동장에 물길이 생기는 까닭을 침식 작용 또는 퇴적 작용으로 설명해 봅시다.

❶ 흙 언덕에 물을 흘려보낸 후, 깎이는 곳과 쌓이는 곳 관찰하기 (탐구)

탐구 과정

❶ 사각 쟁반 안에 흙을 넣고, 흙 언덕을 만듭니다.

❷ 흙 언덕 위쪽에 색 모래를 뿌립니다.

❸ 종이컵 아래쪽에 구멍을 뚫습니다.

❹ 구멍이 뚫린 종이컵을 흙 언덕 위쪽에 두고 물을 붓습니다.

❺ 물을 흘려보낸 후, 흙 언덕의 모습이 어떻게 변하는지 관찰합니다.

탐구 결과

❶ 흙이 깎이는 곳과 흙이 쌓이는 곳

흙 언덕의 위쪽	흙 언덕의 아래쪽
흙이 많이 깎임.	흙이 흘러내려 쌓임.

❷ 색 모래의 이동 방향: 색 모래는 흙 언덕의 위쪽에서 아래쪽으로 이동합니다.

❸ 흙 언덕의 모습이 변하는 까닭: 흐르는 물이 흙 언덕 위쪽의 흙을 깎아서 흙 언덕의 아래쪽으로 옮겨 쌓기 때문입니다.

❷ 흐르는 물에 의한 지표 변화

흐르는 물은 오랜 시간 계속해서 바위나 돌을 깎고 낮은 곳으로 운반해 쌓으면서 지표의 모습을 변화시켜요.

흐르는 물은 침식 작용, 운반 작용, 퇴적 작용으로 지표의 모습을 변화시킵니다.

침식 작용	운반 작용	퇴적 작용
흐르는 물에 의해 지표의 바위나 돌, 흙 등이 깎이는 것	흐르는 물에 의해 깎인 돌, 흙 등이 옮겨지는 것	깎여서 운반된 돌이나 흙 등이 쌓이는 것

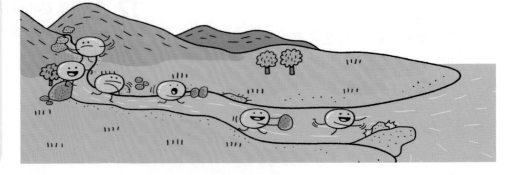

학습한 내용을
확인해 보세요.

2
단원

공부한 날

월

일

핵심 콕

① **흙 언덕의 모습이 변하는 까닭**: 흐르는 물이 흙 언덕 위쪽의 흙을 깎아서 흙

언덕의 ☐☐ 쪽으로 옮겨 쌓기 때문입니다.

② **흐르는 물에 의한 지표 변화**: 흐르는 물은 지표의 바위나 돌을 깎는 침식

작용, 이를 운반하는 운반 작용, 운반된 돌이나 흙을 쌓는 ☐☐ 작용

으로 지표의 모습을 변화시킵니다.

[1~2] 오른쪽과 같이 흙 언덕을 쌓고 색 모래를 뿌린 뒤,
구멍이 뚫린 종이컵을 이용해 흙 언덕의 위쪽에서 물을
흘려보냈습니다. 물음에 답해 봅시다.

물
색 모래
흙

1 위 실험에서 물을 흘려보낸 후 흙이 많이 깎이는 곳은 흙 언덕의 위쪽과 아래쪽 중
어디인지 써 봅시다.

흙 언덕의 (   )

2 다음은 위 실험에서 색 모래가 이동하는 방향에 대한 설명입니다. (   ) 안에
들어갈 알맞은 말에 ○표 해 봅시다.

구멍이 뚫린 종이컵에 물을 부어 물을 흘려보내면 색 모래는 흙 언덕의
(위쪽에서 아래쪽, 아래쪽에서 위쪽)으로 이동한다.

3 다음은 흐르는 물의 작용에 대한 설명입니다. 옳은 것에 ○표, 옳지 <u>않은</u> 것에 ×표
해 봅시다.

(1) 퇴적 작용은 흐르는 물에 의해 깎인 돌, 흙 등이 쌓이는 것이다. (   )
(2) 침식 작용은 흐르는 물에 의해 깎인 돌, 흙 등이 옮겨지는 것이다. (   )
(3) 운반 작용은 흐르는 물에 의해 지표의 바위나 돌, 흙 등이 깎이는 것이다.
(   )

공부한 내용을

 자신 있게 설명할 수 있어요.

 설명하기 조금 힘들어요.

 어려워서 설명할 수 없어요.

2~3
강 주변 지형의 특징
바닷가 주변 지형의 특징

강 상류와 강 하류
- 강 상류는 강이 시작하는 곳에 가까운 부분으로 강의 위쪽 부분입니다.
- 강 하류는 강의 아래쪽 부분입니다.

❶ 강 주변 지형의 특징

1 강 주변 지형의 특징 알아보기 〔활동〕

구분	강 상류	강 하류
모습		
강물의 작용	침식 작용이 퇴적 작용보다 활발함.	퇴적 작용이 침식 작용보다 활발함.
강폭	강 하류보다 좁음.	강 상류보다 넓음.
강의 경사	강 하류보다 급함.	강 상류보다 완만함.
그 외의 특징	바위나 큰 돌이 많음.	모래나 고운 흙이 많이 쌓여 있음.

➜ 강 상류와 강 하류는 주로 일어나는 강물의 작용이 달라 특징이 다르게 나타납니다.
└ 강 상류와 강 하류에서 모두 침식 작용과 퇴적 작용이 일어나요.

2 **강물에 의한 지형의 변화**: 강 주변 지형은 강물에 의한 침식 작용과 운반 작용 그리고 퇴적 작용으로 오랜 시간에 걸쳐 서서히 변합니다.

❷ 바닷가 주변 지형의 특징

바닷물에 의해 만들어진 다양한 지형
바닷물에 의한 침식 작용과 퇴적 작용으로 바닷가 주변에 독특한 모양의 지형이 만들어지기도 합니다.

⬆ 바닷물에 의한 침식 작용으로 만들어진 지형

⬆ 바닷물에 의한 퇴적 작용으로 만들어진 지형

1 바닷물에 의한 침식 작용으로 만들어진 지형

절벽	동굴
바닷물에 의해 바위가 깎여 가파른 절벽이 만들어짐.	바닷물에 의해 절벽이 깎여 커다란 구멍이 생겨 동굴이 만들어짐.

2 바닷물에 의한 퇴적 작용으로 만들어진 지형

갯벌	모래사장
바닷물에 의해 운반된 가는 모래나 고운 흙이 넓게 쌓여 갯벌이 만들어짐.	바닷물에 의해 운반된 모래가 넓게 쌓여 모래사장이 만들어짐.

3 **바닷물에 의한 지형의 변화**: 바닷가 주변 지형은 바닷물에 의한 침식 작용과 운반 작용 그리고 퇴적 작용으로 오랜 시간에 걸쳐 만들어집니다.

용어 사전

★ **지형** 땅이 생긴 모양
★ **절벽** 아주 높이 솟아 있는 험한 낭떠러지

❸ 바닷가 주변 지형의 특징 조사하기 🔍탐구

탐구 과정

❶ 모둠원과 바닷가 주변 지형을 조사하는 계획을 세우고, 조사 계획서를 만듭니다.

❷ 계획에 따라 바닷가 주변 지형의 특징을 조사합니다.

탐구 결과

조사한 곳	제주도 범섬
볼 수 있는 지형	동굴
특징	절벽 아래쪽에 커다란 구멍이 있음.
만들어진 과정	바닷물에 의한 침식 작용으로 범섬의 절벽이 깎여서 만들어짐.

바닷물에 의한 침식 작용으로 절벽이나 동굴이 만들어져요.

창의융합 🌟철새의 휴식처, 낙동강 모래섬

낙동강 하류에는 모래가 쌓여서 넓은 모래섬이 만들어집니다. 새들은 모래섬 주변에서 먹이를 구하거나 모래섬에 올라와 쉬기도 합니다. 또, 모래섬 주변에 있는 갈대숲에 새들이 몸을 숨길 수 있습니다.

🐻활동 강 주변 지형을 소개하는 안내판 만들기

모래섬과 같은 강 주변 지형을 소개하는 안내판을 만들어 봅시다.

❶ 모둠별로 우리나라에서 볼 수 있는 강 주변 지형을 조사합니다.

❷ 조사한 지형 중 한 가지를 정하여 특징을 설명하는 안내판을 만듭니다.

❸ 안내판의 내용을 발표합니다.

❹ 다른 모둠의 안내판을 보고 잘된 점을 서로 이야기합니다.

활동 결과 예시

강 상류에서부터 운반된 모래가 강물이 느려지면서 강 하류에 쌓이게 된다. 모래섬은 강물에 의한 퇴적 작용이 활발한 강 하류에 모래가 쌓여 만들어지는 지형이다. 이 모래섬 주변에 갈대숲이나 늪지가 생기면 많은 생물들이 살 수 있는 환경이 된다. 이러한 모래섬은 우리나라의 낙동강, 금강, 태화강 등 강 하류에서 볼 수 있다.

모래섬의 특징
- 모래가 쌓여 만들어집니다.
- 퇴적 작용이 활발한 강 하류에 생깁니다.
- 낙동강, 금강, 태화강에서 볼 수 있습니다.

2단원

공부한 날
월
일

용어 사전

🌟 휴식처 휴식하는 곳

바른답·알찬풀이 14 쪽

스스로 확인해요

『과학』 49 쪽

1 강 주변 지형은 강물에 의한 침식 작용과 운반 작용 그리고 (　　) 작용으로 서서히 변합니다.

2 (사고) 강 하류에 모래가 많은 까닭을 강물의 작용과 관련지어 설명해 봅시다.

『과학』 52 쪽

1 바닷가 주변 지형은 바닷물에 의한 (　　) 작용과 운반 작용 그리고 퇴적 작용으로 오랜 시간에 걸쳐 만들어집니다.

2 (사고) 다음 지형은 오랜 시간이 지난 후 어떻게 변할지 바닷물의 작용과 관련지어 설명해 봅시다.

학습한 내용을
확인해 보세요.

핵심 콕

❶ **강 상류 지형의 특징:** ☐☐ 작용이 활발하게 일어나고, 강 하류보다

강폭이 좁고 강의 경사가 급하며 바위나 큰 돌이 많습니다.

❷ **강 하류 지형의 특징:** ☐☐ 작용이 활발하게 일어나고, 강 상류보다

강폭이 넓고 강의 경사가 완만하며 모래나 고운 흙이 많이 쌓여 있습니다.

1 다음은 강 상류와 강 하류의 모습을 순서 없이 나타낸 것입니다. ㉠과 ㉡은 각각 강의 어느 부분인지 써 봅시다.

㉠ ㉡

(   )   (   )

2 강 주변의 지형과 그 특징을 모두 선으로 이어 봅시다.

(1) 강 상류의 지형 •

(2) 강 하류의 지형 •

• ㉠ 강폭이 넓다.

• ㉡ 강의 경사가 급하다.

• ㉢ 바위나 큰 돌이 많다.

• ㉣ 모래나 고운 흙이 많다.

3 다음은 강 주변 지형의 변화에 대한 설명입니다. 옳은 것에 ○표, 옳지 않은 것에 ×표 해 봅시다.

(1) 주로 일어나는 강물의 작용에 따라 강 주변 지형의 특징이 다르게 나타난다.
(   )

(2) 강물에 의한 침식 작용, 운반 작용, 퇴적 작용으로 강 주변 지형의 모습이 변한다.
(   )

(3) 강물에 의한 침식 작용이 퇴적 작용보다 활발하게 일어나는 곳은 모래나 고운 흙이 많이 쌓인다.
(   )

❸ 바닷물에 의한 침식 작용으로 만들어진 지형: 바닷물에 의해 바위가 깎여 절벽이 만들어지거나, 절벽에 커다란 구멍이 생겨 ☐☐이/가 만들어집니다.

❹ 바닷물에 의한 퇴적 작용으로 만들어진 지형: 바닷물에 의해 운반된 가는 모래나 고운 흙이 넓게 쌓여 ☐☐이/가 만들어지거나, 모래가 넓게 쌓여 모래사장이 만들어집니다.

2 단원

공부한 날

월

일

4 다음은 바닷가 주변 지형의 모습과 이에 대한 설명입니다. ( ) 안에 들어갈 알맞은 말에 ○표 해 봅시다.

> 이 지형은 바닷물에 의한 (침식, 퇴적) 작용으로 바위가 깎여 만들어졌다.

5 바닷가 주변 지형 중 바닷물의 퇴적 작용으로 만들어진 것을 **보기**에서 두 가지 골라 써 봅시다.

> **보기**
>
> 갯벌   동굴   절벽   모래사장

(,   )

6 다음은 바닷가 주변 지형에 대한 설명입니다. 옳은 것에 ○표, 옳지 <u>않은</u> 것에 ×표 해 봅시다.

(1) 바닷물의 작용으로 바닷가 주변에 다양한 지형이 만들어진다. (   )

(2) 바닷가 주변의 절벽이나 동굴 등은 매우 짧은 시간 동안 만들어진다. (   )

(3) 바닷물에 의한 운반 작용은 바닷가 주변 지형이 만들어지는 데 영향을 주지 않는다. (   )

공부한 내용을

😊 자신 있게 설명할 수 있어요.

😐 설명하기 조금 힘들어요.

😟 어려워서 설명할 수 없어요.

[01~03] 다음과 같이 색 모래를 뿌린 흙 언덕의 위쪽에서 물을 흘려보냈습니다. 물음에 답해 봅시다.

구멍 뚫린 종이컵

색 모래

흙

01 위 실험에서 물을 흘려보낸 후 색 모래를 관찰한 결과로 옳은 것을 보기에서 골라 기호를 써 봅시다.

보기
㉠ 색 모래는 흙 언덕의 위쪽으로 모인다.
㉡ 색 모래의 위치는 물을 붓기 전과 같다.
㉢ 색 모래는 흙 언덕의 위쪽에서 아래쪽으로 이동한다.

( )

중요
02 다음은 위 실험에서 흙 언덕의 모습 변화를 나타낸 것입니다. ㉠과 ㉡에 해당하는 곳을 각각 써 봅시다.

흙 언덕의 (㉠)	흙 언덕의 (㉡)
흙이 많이 깎임.	흙이 흘러내려 쌓임.

㉠: ( ), ㉡: ( )

서술형
03 위 실험에서 흙 언덕의 모습이 변하는 까닭을 설명해 봅시다.

....

....

04 다음은 지표의 변화에 대한 설명입니다. ( ) 안에 공통으로 들어갈 알맞은 말을 써 봅시다.

흐르는 ( )은/는 지표의 바위나 돌, 흙 등을 깎고 높은 곳에서 낮은 곳으로 운반하여 쌓아 놓는다. 이와 같이 지표의 모습은 흐르는 ( )에 의해 계속 변한다.

( )

중요
05 다음은 침식 작용, 운반 작용, 퇴적 작용에 대한 설명입니다. ( ) 안에 들어갈 말을 옳게 짝 지은 것은 어느 것입니까? ( )

흐르는 물에 의해 지표의 바위나 돌, 흙 등이 깎이는 것을 (㉠) 작용이라 하고, 깎인 돌, 흙 등이 옮겨지는 것을 (㉡) 작용이라고 한다. 또, 운반된 돌이나 흙 등이 쌓이는 것을 (㉢) 작용이라고 한다.

	㉠	㉡	㉢
①	운반	침식	퇴적
②	운반	퇴적	침식
③	침식	운반	퇴적
④	침식	퇴적	운반
⑤	퇴적	운반	침식

중요
06 다음 중 강 주변 지형에 대한 설명으로 옳지 않은 것은 어느 것입니까? ( )

① 강 상류는 강 하류보다 강폭이 좁다.
② 강 상류는 강 하류보다 강의 경사가 급하다.
③ 강 상류와 강 하류는 지형의 특징이 다르다.
④ 강 하류는 강 상류보다 바위나 큰 돌이 많다.
⑤ 강 주변 지형은 강물의 작용으로 서서히 변한다.

→ 바른답·알찬풀이 15 쪽

[07~08] 다음은 강 상류와 강 하류 주변의 모습을 순서 없이 나타낸 것입니다. 물음에 답해 봅시다.

(가)

(나)

07 다음은 강 주변 지형을 나타낸 것입니다. 위 (가)와 (나) 중 〇로 표시한 곳에서 볼 수 있는 모습은 무엇인지 써 봅시다.

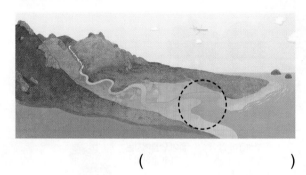

( )

08 위 (가)와 (나)에 대한 설명으로 옳은 것을 **보기**에서 골라 기호를 써 봅시다.

보기

ㄱ (가)는 강 하류의 모습이다.
ㄴ (가)보다 (나)에서 강의 경사가 더 급하다.
ㄷ (나)에서는 침식 작용보다 퇴적 작용이 활발하게 일어난다.

( )

09 다음은 바닷가 주변 지형입니다. 두 지형을 볼 수 있는 곳에서 공통적으로 활발하게 일어나는 바닷물의 작용을 써 봅시다.

절벽

동굴

( ) 작용

10 다음과 같은 바닷가 주변 지형에 대한 설명으로 옳은 것을 두 가지 골라 봅시다.

(,)

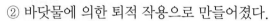

① 바닷물에 의한 침식 작용으로 만들어졌다.
② 바닷물에 의한 퇴적 작용으로 만들어졌다.
③ 바닷물에 의한 운반 작용은 일어나지 않는다.
④ 바닷물에 의해 절벽이 깎여 구멍이 생긴 것이다.
⑤ 바닷물에 의해 가는 모래나 고운 흙이 넓게 쌓인 것이다.

서술형

11 바닷가 주변에 모래사장이 만들어지는 과정을 바닷물의 작용과 관련지어 설명해 봅시다.

....

....

중요

12 다음은 바닷물에 의해 바닷가 주변 지형이 만들어지는 과정에 대한 학생 (가)~(다)의 대화입니다. 옳게 말한 학생은 누구인지 써 봅시다.

바닷물에 의한 퇴적 작용으로 바위나 절벽이 깎여.
(가)

갯벌과 모래사장은 바닷물에 의한 침식 작용으로 만들어져.
(나)

바닷물은 모래나 흙을 운반해 쌓기도 해.
(다)

( )

교과서 쏙쏙

 놀이로 정리해요 **친구들과 놀이를 하면서 이 단원의 학습 내용을 정리해 봅시다.**

재미있게 닫기

놀이 방법

준비물 •• 주사위, 놀이용 말, 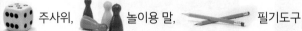 필기도구

① 가위바위보로 순서를 정한 후, 주사위를 던져 나온 수만큼 움직입니다.

② 해당 칸의 질문에 정확히 답하면 그 자리에 머물고, 답하지 못하거나 그림만 있는 칸이면 이전의 자리로 돌아갑니다.

출발!

답안 길잡이 ❶ × ❷ 화단 흙 ❸ 바위나 돌이 오랜 시간 동안 잘게 부서져 흙이 된다. ❹ 바위틈에 스며든 물이 얼고 녹기를 반복하면 바위가 부서진다. 등 ❺ ○ ❻ 흐르는 물에 의해 깎여서 운반된 돌이나 흙 등이 쌓이는 작용이다. ❼ 강 상류보다 강폭이 넓고 강의 경사가 완만하다. 등 ❽ 절벽, 동굴

빈칸을 연필로 칠하면서 학습한 개념을 정리해 봅시다.

❶ 흙의 특징

- **장소에 따른 흙의 특징**
  - 운동장 흙은 대체로 화단 흙보다 색깔이 밝고 ❶ | 알갱이 | 의 크기가 크며 물이 잘 빠짐.
  - 화단 흙에는 나뭇가지, 나뭇잎 조각, 죽은 동물 등이 썩은 ❷ | 부식물 | 이/가 많이 포함되어 있어 식물이 잘 자람.
- **흙의 생성 과정**: 바위나 돌은 오랜 시간 동안 잘게 부서져 ❸ | 흙 | 이/가 됨.

풀이 바위나 돌이 물, 나무뿌리 등 다양한 원인으로 부서져 흙이 만들어집니다.

❷ 물에 의한 지표 변화

- **흐르는 물의 작용**
  - ❹ | 침식 | 작용: 흐르는 물에 의해 지표의 바위나 돌, 흙 등이 깎이는 작용
  - 운반 작용: 흐르는 물에 의해 깎인 돌, 흙 등이 옮겨지는 작용
  - 퇴적 작용: 흐르는 물에 의해 깎여서 운반된 돌이나 흙 등이 쌓이는 작용
- **강 주변 지형**: 강물에 의해 오랜 시간에 걸쳐 서서히 변함.

강 상류	강 하류
강물에 의한 ❺ 침식 작용이 퇴적 작용보다 활발함.	강물에 의한 ❻ 퇴적 작용이 침식 작용보다 활발함.

- **바닷가 주변 지형**: 바닷물에 의해 오랜 시간에 걸쳐 만들어짐.

침식 작용으로 만들어진 지형	❼ 퇴적 작용으로 만들어진 지형
절벽 동굴	모래사장 갯벌

풀이 강 상류와 강 하류는 주로 일어나는 강물의 작용이 달라 지형의 특징이 다르게 나타납니다. 침식 작용이 더 활발하게 일어나는 강 상류는 강폭이 좁고, 강의 경사가 급하며, 바위나 큰 돌이 많습니다. 퇴적 작용이 더 활발하게 일어나는 강 하류는 강폭이 넓고 강의 경사가 완만하며, 모래나 고운 흙이 많이 쌓여 있습니다.

창의적으로 생각해요

『과학』 56 쪽

주변에 있는 국가지질공원을 찾아 강이나 바닷가 주변 지형을 이야기해 봅시다.

예시 답안 부산 국가지질공원에는 흐르는 물의 침식 작용으로 생긴 태종대와 이기대가 있다. 강원평화지역 국가지질공원의 양의대 하천 습지에는 흐르는 물의 퇴적 작용으로 흙이 쌓인 모습을 볼 수 있다.

교과서 쏙쏙

문제로 **닫기**

01 다음 중 운동장 흙과 화단 흙에 대한 설명으로 옳은 것은 어느 것입니까?

(④)

① 운동장 흙과 화단 흙은 촉감이 같다.

② 운동장 흙은 대체로 화단 흙보다 색깔이 어둡다.

③ 화단 흙은 대체로 운동장 흙보다 물이 잘 빠진다.

④ 화단 흙은 대체로 운동장 흙보다 물에 뜬 물질이 많다.

⑤ 화단 흙은 대체로 운동장 흙보다 알갱이의 크기가 크다.

풀이 화단 흙에는 나뭇가지나 나뭇잎 조각 등이 썩은 부식물이 많이 포함되어 있습니다. 따라서 화단 흙은 대체로 운동장 흙보다 물에 뜬 물질이 많습니다.

02 오른쪽과 같이 운동장 흙과 화단 흙의 물 빠짐 비교 장치에 같은 양의 물을 동시에 부었을 때 대체로 물이 더 잘 빠지는 흙을 써 봅시다.

(운동장 흙)

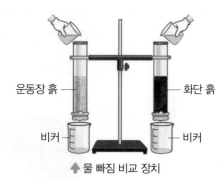

운동장 흙 　　　　　 화단 흙

비커 　　　　　 비커

⬆ 물 빠짐 비교 장치

풀이 물 빠짐 비교 장치에서 대체로 운동장 흙은 화단 흙보다 같은 시간 동안 더 많은 양의 물이 비커에 모입니다. 즉, 운동장 흙은 화단 흙보다 대체로 물이 잘 빠집니다.

03 오른쪽은 과자를 플라스틱 통에 넣고 흔들어 흙이 만들어지는 과정을 알아보는 모형실험 과정입니다. 이 실험 결과에 대한 설명으로 옳은 것을 **보기** 에서 골라 기호를 써 봅시다.

과자

보기

㉠ 과자의 크기가 커졌다.

㉡ 과자의 크기가 작아졌다.

㉢ 과자의 모양은 변하지 않았다.

(㉡)

풀이 과자를 플라스틱 통에 넣고 흔들면 과자가 서로 부딪치면서 부서져 크기가 작아집니다. 이 과정은 바위나 돌이 부서져 흙이 되는 것과 비슷합니다.

04 오른쪽과 같이 흙 언덕을 만들고 흙 언덕 위쪽에서 물을 흘려보냈을 때 흙 언덕의 변화에 대한 설명으로 옳은 것은 어느 것입니까?

(⑤)

물 — 색 모래
흙 언덕

① 흙이 많이 쌓이는 곳은 흙 언덕의 위쪽이다.
② 흙이 많이 깎이는 곳은 흙 언덕의 아래쪽이다.
③ 물이 흘러도 흙 언덕의 모습은 변하지 않는다.
④ 색 모래는 흙 언덕의 아래쪽에서 위쪽으로 이동한다.
⑤ 흙 언덕의 위쪽에서 깎인 흙이 흘러내려 아래쪽에 쌓인다.

풀이 흙 언덕 위쪽에서 물을 흘려보내면 흐르는 물에 의해 흙 언덕의 위쪽에 있던 색 모래가 깎여 흙 언덕의 아래쪽에 쌓입니다.

05 다음은 강 주변 지형의 특징에 대한 학생들의 대화입니다. 옳게 말한 학생은 누구인지 써 봅시다.

강 상류는 강 하류보다 강폭이 넓어.
(가)

강 하류에서는 강물에 의한 퇴적 작용이 침식 작용보다 활발하게 일어나.
(나)

강 주변 지형은 오랜 시간이 지나도 변하지 않아.
(다)

((나))

풀이 강 상류는 강 하류보다 강폭이 좁습니다. 강 주변 지형은 강물에 의한 침식 작용과 운반 작용 그리고 퇴적 작용으로 오랜 시간에 걸쳐 서서히 변합니다.

06 바닷물에 의한 침식 작용으로 만들어진 바닷가 주변 지형을 보기 에서 두 가지 골라 기호를 써 봅시다.

보기

ㄱ 동굴   ㄴ 모래사장   ㄷ 갯벌   ㄹ 절벽

(ㄱ , ㄹ)

풀이 동굴과 절벽은 바닷물에 의한 침식 작용으로 만들어진 지형이고, 모래사장과 갯벌은 바닷물의 퇴적 작용으로 만들어진 지형입니다.

07 사고 탐구

다음은 운동장 흙과 화단 흙에 물을 부어 물에 뜬 물질을 건져 낸 모습입니다. 화단 흙에서 식물이 잘 자라는 까닭을 흙에 포함된 물질과 관련지어 설명해 봅시다.

운동장 흙에 포함된 물질

화단 흙에 포함된 물질

예시 답안 화단 흙에는 부식물이 많이 포함되어 있기 때문에 식물이 잘 자란다.

풀이 화단 흙에는 나뭇가지, 나뭇잎 조각, 죽은 동물 등이 썩은 부식물이 많이 포함되어 있어 식물이 잘 자랍니다.

채점 기준	
상	화단 흙에서 식물이 잘 자라는 까닭을 부식물과 관련지어 옳게 설명한 경우
중	실험 결과만 옳게 설명하고 화단 흙에서 식물이 잘 자라는 까닭을 부식물과 관련지어 설명하지 못한 경우

08 사고 의사소통

오른쪽은 강 주변 지형의 모습입니다. 이 지형에서 볼 수 있는 특징 두 가지를 설명해 봅시다.

예시 답안 강 상류는 강 하류보다 강폭이 좁고 강의 경사가 급하며, 바위나 큰 돌이 많다.

풀이 강 상류는 강 하류보다 강폭이 좁고 강의 경사가 급합니다. 또, 강 상류는 강 하류보다 바위나 큰 돌이 많고, 강 하류는 강 상류보다 강물에 의해 운반된 모래나 고운 흙이 많이 쌓여 있습니다.

채점 기준	
상	강 상류의 특징 두 가지를 모두 옳게 설명한 경우
중	강 상류의 특징 두 가지 중 한 가지만 옳게 설명한 경우

그림으로 단원 정리하기

● 그림을 보고, 빈칸에 알맞은 내용을 써 봅시다.

01 장소에 따른 흙의 특징
G 44 쪽

운동장 흙　　　　　　화단 흙

- 운동장 흙은 대체로 화단 흙보다 색깔이 밝고, 알갱이의 크기가 크며, ❶ (　　　　) 이/가 잘 빠집니다.
- 화단 흙에는 ❷ (　　　　) 이/가 많이 포함되어 있어 식물이 잘 자랍니다.

02 흙이 만들어지는 과정
G 46 쪽

바위나 돌이 오랜 시간에 걸쳐 잘게 부서지면 흙이 됩니다.

❸ (　　　　) 에 의해 바위가 부서지는 과정　　　나무뿌리에 의해 바위가 부서지는 과정

03 강 주변의 지형
G 54 쪽

강 상류와 강 하류는 주로 일어나는 강물의 작용이 달라 지형의 특징이 다르게 나타납니다.

강 ❹ (　　　)	강 ❺ (　　　)
침식 작용이 퇴적 작용보다 활발함.	퇴적 작용이 침식 작용보다 활발함.
강폭이 좁음.	강폭이 넓음.
강의 경사가 급함.	강의 경사가 완만함.
바위나 큰 돌이 많음.	모래나 고운 흙이 많이 쌓여 있음.

04 바닷가 주변의 지형
G 54 쪽

바닷가 주변의 지형은 바닷물에 의한 침식 작용, 운반 작용, 퇴적 작용에 의해 만들어집니다.

❻ (　　　) 작용으로 만들어진 지형	절벽	동굴
퇴적 작용으로 만들어진 지형	갯벌	❼ (　　　)

답 ❶ 물 ❷ 부식물 ❸ 물 ❹ 상류 ❺ 하류 ❻ 침식 ❼ 모래사장

정답 확인

01 다음은 운동장 흙과 화단 흙에 대한 학생 (가)~ (다)의 대화입니다. 옳게 말한 학생은 누구인지 써 봅시다.

운동장 흙과 화단 흙의 알갱이의 크기는 같아.

운동장 흙은 대체로 화단 흙보다 색깔이 어두워.

화단 흙은 대체로 운동장 흙보다 촉감이 부드러워.

(가)　　　　(나)　　　　(다)

(　　　　　　　　　)

[02~03] 오른쪽은 운동장 흙과 화단 흙의 물 빠짐을 비교하는 모습입니다. 물음에 답해 봅시다.

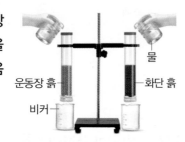

운동장 흙　　　화단 흙
물
비커

02 위 실험에 대한 설명으로 옳지 <u>않은</u> 것을 보기에서 골라 기호를 써 봅시다.

보기
㉠ 운동장 흙과 화단 흙에 동시에 물을 붓는다.
㉡ 운동장 흙과 화단 흙에 붓는 물의 양을 다르게 한다.
㉢ 비커에 모인 물의 양이 많을수록 물이 잘 빠지는 흙이다.

(　　　　　　　　　)

03 다음은 위 실험에서 물을 붓고 약 3 분 후 비커에 모인 물의 양을 나타낸 것입니다. ㉠과 ㉡은 운동장 흙과 화단 흙 중 무엇인지 각각 써 봅시다.

구분	㉠	㉡
물의 양(mL)	110	60

㉠: (　　　　　), ㉡: (　　　　　)

04 다음과 같이 운동장 흙과 화단 흙에 물을 붓고 저은 뒤 잠시 놓아두었습니다. 실험 결과에 대한 설명으로 옳은 것은 어느 것입니까? (　　　)

　㉠　　　　㉡

① ㉠은 화단 흙이다.
② 식물은 ㉡보다 ㉠에서 더 잘 자란다.
③ 부식물은 ㉠보다 ㉡에 더 많이 포함되어 있다.
④ ㉠보다 ㉡에 물에 뜨는 물질이 더 적게 포함되어 있다.
⑤ ㉠의 물에는 나뭇가지, 나뭇잎 조각 등이 썩은 물질이 많이 떠 있다.

05 오른쪽은 투명한 플라스틱 통에 과자를 넣고 흔드는 모습입니다. 이에 대한 설명으로 옳지 <u>않은</u> 것은 어느 것입니까? (　　　)

① 통을 흔들면 과자의 모양이 변한다.
② 통을 흔들면 과자의 크기가 작아진다.
③ 통을 흔들면 과자 조각들이 하나로 뭉친다.
④ 통을 흔든 뒤 과자의 모습은 흙과 비슷하다.
⑤ 흙이 만들어지는 과정을 알아보는 실험이다.

06 흙이 만들어지는 과정에 대한 설명으로 옳지 <u>않은</u> 것을 보기에서 골라 기호를 써 봅시다.

보기
㉠ 바위나 돌이 물, 식물 등에 의해 부서진다.
㉡ 바위나 돌이 잘게 부서져서 흙이 만들어진다.
㉢ 바위나 돌이 매우 짧은 시간 동안 부서져 흙이 된다.

(　　　　　　　　　)

07 다음은 자연에서 바위가 부서지는 모습입니다. ㉠과 ㉡에서 각각 바위를 부서지게 만든 것을 옳게 짝 지은 것은 어느 것입니까? ( )

① ㉠ - 물
② ㉠ - 공기
③ ㉠ - 나무뿌리
④ ㉡ - 동물
⑤ ㉡ - 햇빛

08 다음과 같이 색 모래를 뿌린 흙 언덕의 위쪽에서 물을 흘려보냈습니다. 이에 대한 설명으로 옳은 것을 **보기**에서 골라 기호를 써 봅시다.

구멍 뚫린 종이컵
색 모래
흙

보기

㉠ 흙 언덕의 위쪽은 흙이 많이 쌓인다.
㉡ 색 모래는 흙 언덕의 위쪽으로 이동한다.
㉢ 흐르는 물이 흙 언덕의 흙을 깎아 옮긴다.

( )

09 다음은 흐르는 물에 의한 지표의 변화에 대한 설명입니다. 밑줄 친 부분이 옳은 것을 골라 기호를 써 봅시다.

흐르는 물에 의해 바위나 돌, 흙 등이 깎이는 것을 ㉠ 퇴적 작용이라 하고, 흐르는 물에 의해 돌, 흙 등이 옮겨지는 것을 ㉡ 운반 작용이라고 하며, 흐르는 물에 의해 운반된 돌, 흙 등이 쌓이는 것을 ㉢ 침식 작용이라고 한다.

( )

[10~11] 다음은 강 주변의 지형을 나타낸 것입니다. 물음에 답해 봅시다.

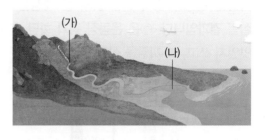

(가)
(나)

10 다음은 강 주변에서 볼 수 있는 모습입니다. ㉠과 ㉡ 중 (가)에서 볼 수 있는 모습을 골라 기호를 써 봅시다.

㉠
㉡

( )

11 위 (가)와 (나)에 대한 설명으로 옳은 것은 어느 것입니까? ( )

① (가)는 (나)보다 강폭이 넓다.
② (가)에는 모래나 고운 흙이 많다.
③ (가)에서는 침식 작용만 일어난다.
④ (나)는 (가)보다 강의 경사가 급하다.
⑤ (나)에서는 퇴적 작용이 침식 작용보다 활발하게 일어난다.

12 다음 바닷가 주변 지형 중 바닷물에 의한 퇴적 작용으로 만들어진 것을 두 가지 골라 봅시다. (,)

① 갯벌
② 동굴
③ 절벽
④ 모래사장

서술형 문제

13 다음은 운동장 흙과 화단 흙의 물 빠짐을 비교한 실험 결과입니다. ㉠은 운동장 흙과 화단 흙 중 무엇인지 쓰고, 그 까닭을 설명해 봅시다.

....

....

14 오른쪽은 화단 흙에 물을 부어 물에 뜬 물질을 건져낸 것입니다. 이 물질들이 무엇인지 쓰고, 식물이 자라는 데 미치는 영향을 설명해 봅시다.

....

....

15 다음 단어를 모두 사용하여 흙이 만들어지는 과정을 설명해 봅시다.

> 물   흙   바위나 돌   나무뿌리

....

16 다음은 흙 언덕의 위쪽에서 물을 흘려보내는 모습입니다. 물을 모두 흘려보낸 후 흙 언덕 아래쪽의 변화를 흐르는 물의 작용과 관련지어 설명해 봅시다.

물
색 모래
흙

....

17 강 상류와 강 하류 지형의 특징이 다른 까닭을 강물의 침식 작용, 퇴적 작용과 관련지어 설명해 봅시다.

....

....

18 다음은 바닷가 주변 지형입니다. 이와 같이 다양한 지형이 만들어지는 과정을 바닷물의 작용과 관련지어 설명해 봅시다.

동굴

갯벌

....

01 다음은 운동장 흙과 화단 흙의 특징을 순서 없이 나타낸 것입니다.

구분	㉠	㉡
색깔	밝은 갈색	어두운 갈색
알갱이의 크기	큰 알갱이가 많음.	작은 알갱이가 많음.
촉감	거칢.	부드러움.
부식물의 양	거의 없음.	많음.

(1) 위 ㉠과 ㉡은 운동장 흙과 화단 흙 중 무엇인지 각각 써 봅시다.

㉠: (   ), ㉡: (   )

(2) 운동장 흙과 화단 흙 중 식물이 더 잘 자라는 흙을 쓰고, 그 까닭을 설명해 봅시다.

_____

성취 기준
여러 장소의 흙을 관찰하여 비교할 수 있다.

출제 의도
운동장 흙과 화단 흙의 특징 및 식물이 잘 자라는 흙의 특징을 알고 있는지 묻는 문제예요.

관련 개념
장소에 따른 흙의 특징 조사하기
G 44쪽

2
단원

공부한날
월
일

02 다음과 같이 색 모래를 뿌린 흙 언덕의 위쪽에서 물을 흘려보냈습니다.

구멍 뚫린 종이컵
㉠ ㉡

(1) 위 ㉠과 ㉡에서 각각 흙 언덕의 모습이 어떻게 변하는지 설명해 봅시다.

- ㉠: _____

- ㉡: _____

(2) 흙 언덕의 모습이 변하는 까닭을 흐르는 물의 침식 작용, 운반 작용, 퇴적 작용과 관련지어 설명해 봅시다.

_____

성취 기준
강과 바닷가 주변 지형의 특징을 흐르는 물과 바닷물의 작용과 관련지을 수 있다.

출제 의도
흐르는 물이 흙 언덕을 어떻게 변화시키는지 알고, 이를 실제 자연에서 흐르는 물의 작용과 관련지을 수 있는지 확인하는 문제예요.

관련 개념
흙 언덕에 물을 흘려보낸 후, 깎이는 곳과 쌓이는 곳 관찰하기
G 52쪽

정답 확인

01 다음 중 화단 흙의 특징으로 옳지 <u>않은</u> 것은 어느 것입니까? ( )

① 운동장 흙보다 대체로 색깔이 어둡다.

② 손으로 만지면 부드러운 느낌이 든다.

③ 모래와 흙 알갱이로만 이루어져 있다.

④ 운동장 흙보다 대체로 알갱이의 크기가 작다.

⑤ 흙 속에 나뭇가지나 나뭇잎 조각이 섞여 있다.

02 다음은 운동장 흙과 화단 흙의 물 빠짐을 비교한 실험 결과입니다. 이에 대한 설명으로 옳은 것은 어느 것입니까? ( )

① ㉠은 화단 흙이다.

② ㉡은 운동장 흙이다.

③ ㉠은 ㉡보다 물이 잘 빠지는 흙이다.

④ ㉠은 ㉡보다 알갱이의 크기가 작은 흙이다.

⑤ 비커에 모인 물이 적을수록 물이 잘 빠지는 흙이다.

[03~04] 다음은 운동장 흙과 화단 흙을 넣은 비커에 같은 양의 물을 붓고 유리 막대로 저은 뒤 잠시 놓아 둔 모습입니다. 물음에 답해 봅시다.

(가)    (나)

03 위 (가)와 (나) 중 식물이 더 잘 자라는 흙이 들어 있는 것은 무엇인지 써 봅시다.

( )

04 앞 실험에 대한 설명으로 옳은 것을 보기에서 골라 기호를 써 봅시다.

보기

㉠ (가)에 넣은 흙은 화단 흙이다.

㉡ (나)의 물에 뜬 물질은 모래나 고운 흙이다.

㉢ (가)보다 (나)의 흙에 부식물이 더 많이 포함되어 있다.

( )

[05~06] 다음은 흙이 만들어지는 과정을 알아보기 위한 실험 과정입니다. 물음에 답해 봅시다.

(가) 흰 종이 위에 과자를 올려놓고 관찰한다.

(나) 투명한 플라스틱 통에 과자를 $\frac{1}{3}$ 정도 넣고 뚜껑을 닫은 뒤 20 번 정도 흔든다.

(다) 통에 든 과자를 흰 종이에 붓고 모습을 관찰한다.

05 위 실험에 대한 설명으로 옳은 것을 보기에서 골라 기호를 써 봅시다.

보기

㉠ (나)에서 과자들은 서로 부딪쳐 부서진다.

㉡ (가)와 (다)에서 관찰한 과자의 모양은 같다.

㉢ (가)보다 (다)에서 관찰한 과자의 크기가 더 크다.

( )

06 다음은 위 실험으로 알 수 있는 사실입니다. ( ) 안에 들어갈 알맞은 말을 각각 써 봅시다.

(가)의 과자는 자연에서 (㉠)과/와 같고, (다)의 과자는 자연에서 (㉡)과/와 같다. 즉, (㉠)이/가 잘게 부서져 (㉡)이/가 된다.

㉠: ( ), ㉡: ( )

07 자연에서 흙이 만들어지는 과정에 대한 설명으로 옳은 것을 **보기** 에서 골라 기호를 써 봅시다.

> **보기**
>
> ㉠ 바위나 돌이 부딪치며 합쳐져 흙이 만들어진다.
> ㉡ 바위틈에 스며든 물이 얼면서 바위틈을 넓혀 흙이 만들어진다.
> ㉢ 바위틈에 들어간 나무뿌리가 자라면서 바위가 부서져 흙이 만들어진다.

( )

[08~09] 다음과 같이 흙 언덕을 만들고 흙 언덕의 위쪽에서 물을 흘려보냈습니다. 물음에 답해 봅시다.

08 위 ㉠~㉢ 중 물을 모두 흘려보낸 후 (가) 흙이 가장 많이 깎인 곳과 (나) 흙이 가장 많이 쌓인 곳을 옳게 짝 지은 것은 어느 것입니까? ( )

	(가)	(나)		(가)	(나)
①	㉠	㉡	②	㉠	㉢
③	㉡	㉢	④	㉢	㉠
⑤	㉢	㉡			

09 위 실험에서 흙 언덕의 모습을 변화시킨 것으로 옳은 것은 어느 것입니까? ( )

① 흙　　　② 바람　　　③ 햇빛
④ 색 모래　　⑤ 흐르는 물

10 다음 중 강 주변 지형에 대한 설명으로 옳은 것을 두 가지 골라 봅시다. (,)

① 강 상류와 강 하류의 모습은 같다.
② 강 상류는 강 하류보다 강폭이 넓다.
③ 강 상류는 강 하류보다 강의 경사가 급하다.
④ 강 하류에는 강 상류에 비해 바위나 큰 돌이 많다.
⑤ 강 하류에서는 퇴적 작용이 침식 작용보다 활발하게 일어난다.

11 오른쪽과 같은 바닷가 주변의 동굴에 대한 설명으로 옳지 **않은** 것을 **보기** 에서 골라 기호를 써 봅시다.

> **보기**
>
> ㉠ 절벽이 깎여 구멍이 생긴 것이다.
> ㉡ 바닷물에 의한 퇴적 작용으로 만들어졌다.
> ㉢ 바닷물에 의해 오랜 시간 동안 만들어졌다.

( )

12 다음은 바닷가 주변 지형의 모습입니다. 이에 대한 설명으로 옳은 것은 어느 것입니까? ( )

㉠ 　　㉡

① ㉠은 모래가 넓게 쌓여 만들어졌다.
② ㉠은 바닷물에 의한 침식 작용으로 만들어졌다.
③ ㉡은 바위가 깎여서 만들어졌다.
④ ㉡은 바람에 의해 바위가 운반되어 만들어졌다.
⑤ 두 지형이 만들어지는 데 가장 큰 영향을 준 바닷물의 작용은 퇴적 작용이다.

서술형 문제 ········

13 다음은 운동장 흙과 화단 흙을 관찰하여 비교한 결과입니다. ( ) 안에 들어갈 내용을 설명해 봅시다.

- 색깔: 운동장 흙이 화단 흙보다 색깔이 밝다.
- 촉감: 운동장 흙이 화단 흙보다 거칠다.
- 알갱이의 크기: ( )

....

....

14 자연에서 바위가 부서지는 과정을 두 가지 설명해 봅시다.

....

....

15 다음은 흐르는 물에 의한 지표의 변화에 대한 학생 (가)~(다)의 대화입니다. <u>잘못</u> 말한 학생이 누구인지 쓰고, 학생의 말을 옳게 고쳐 설명해 봅시다.

흐르는 물에 의해 돌이나 흙이 낮은 곳에서 높은 곳으로 운반돼.

흐르는 물에 의해 지표의 돌이나 흙이 깎여.

흐르는 물에 의해 깎인 돌이나 흙이 옮겨지고 쌓여.

(가)　　　(나)　　　(다)

....

....

16 오른쪽과 같이 비가 온 뒤 운동장에 물길이 생기는 까닭을 흐르는 물의 작용과 관련지어 설명해 봅시다.

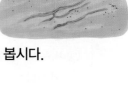

....

....

17 강 상류와 강 하류 중 오른쪽과 같이 모래가 많이 쌓인 모습을 볼 수 있는 곳을 쓰고, 그 까닭을 설명해 봅시다.

....

....

18 바닷가 주변에서 오른쪽과 같은 갯벌이 만들어지는 과정을 바닷물의 작용과 관련지어 설명해 봅시다.

....

....

01 흙이 만들어지는 과정을 알아보기 위해 투명한 플라스틱 통에 과자를 넣고 흔든 후 과자의 모습이 어떻게 변하는지 관찰했습니다.

(1) 오른쪽은 투명한 플라스틱 통을 흔들기 전 과자의 모습입니다. 투명한 플라스틱 통을 흔든 후 과자의 모습을 설명해 봅시다.

(2) 위 (1)의 실험 결과와 관련지어 흙이 만들어지는 과정을 설명해 봅시다.

성취 기준
흙의 생성 과정을 모형을 통해 설명할 수 있다.

출제 의도
흙이 만들어지는 과정을 알고 이를 모형실험과 관련지어 설명할 수 있는지 확인하는 문제예요.

관련 개념
흙이 만들어지는 과정 모형실험 하기 ○ **46 쪽**

2 단원

공부한날
월
일

02 다음은 강 상류와 강 하류의 특징을 순서 없이 나타낸 것입니다.

구분	㉠	㉡
모습		
강폭	㉡보다 좁음.	㉠보다 넓음.
강의 경사	㉡보다 급함.	㉠보다 완만함.
그 외의 특징	바위나 큰 돌이 많음.	모래나 고운 흙이 많이 쌓여 있음.

(1) 위 ㉠과 ㉡은 강 상류와 강 하류 중 무엇인지 각각 써 봅시다.

㉠: (   ), ㉡: (   )

(2) 위 ㉠과 ㉡에서 주로 일어나는 강물의 작용을 비교하여 설명해 봅시다.

성취 기준
강과 바닷가 주변 지형의 특징을 흐르는 물과 바닷물의 작용과 관련지을 수 있다.

출제 의도
강 상류와 강 하류 지형의 특징을 알고, 이를 강물의 작용과 관련지어 설명할 수 있는지 확인하는 문제예요.

관련 개념
강 주변 지형의 특징 ○ **54 쪽**

3

물질의 상태

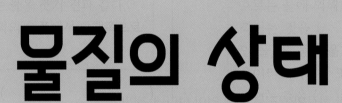

이 단원에서 무엇을 공부할지 알아보아요.

여러 가지 물질의 특징

물질은 서로 비슷한 점도 있고, 다른 점도 있습니다. 나무 막대, 물, 공기를 친구에게 전달하면서 각 물질의 특징을 관찰하고, 나무 막대, 물, 공기가 어떻게 다른지 비교해 봅시다.

나무 막대, 물, 공기 전달하기

❶ 모둠을 구성하여 나무 막대, 물, 지퍼 백에 들어 있는 공기를 관찰합니다.

❷ 나무 막대를 옆 사람에게 손으로 전달하면서 나무 막대의 특징을 관찰합니다.

❸ 마지막으로 나무 막대를 받은 사람은 나무 막대를 그릇에 넣습니다.

❹ ❷, ❸과 같은 방법으로 물, 공기를 각각 전달하면서 물, 공기의 특징을 관찰합니다.

나무 막대

공기가 든 지퍼 백

그릇   물

● 손으로 나무 막대, 물, 공기를 전달할 때 어떤 점이 달랐는지 이야기해 봅시다.

> **예시 답안** ・나무 막대와 물은 눈에 보이지만, 공기는 눈에 보이지 않는다.
> ・나무 막대는 손으로 잡아서 전달할 수 있지만, 물은 흘러내리고 손으로 잡을 수 없어 잘 전달할 수 없다. 공기는 전달할 때 아무런 느낌이 없다.

고체의 성질

가루 물질의 성질

모래와 같은 가루 물질은 작은 알갱이들이 모여 있는 것입니다. 가루 물질을 여러 가지 모양의 용기에 옮겨 담으면 가루 전체의 모양은 변하지만, 알갱이 하나하나의 모양과 부피는 변하지 않습니다. → 가루 물질은 고체입니다.

⬆ 모래를 다른 모양의 용기에 옮겨 담았을 때의 모습

우리 주변에서 볼 수 있는 또 다른 고체의 예

책, 고무줄, 철 클립, 밀가루 등은 고체입니다.

용어 사전

★**부피** 물질이 차지하는 공간의 크기

바른답·알찬풀이 22 쪽

스스로 확인해요
『과학』 61 쪽

1 (   )은/는 담는 용기가 바뀌어도 모양과 부피가 변하지 않는 물질의 상태입니다.

2 (사고) 모래와 같은 가루 물질도 고체인지 생각해 보고, 그렇게 생각한 까닭을 이야기해 봅시다.

---

❶ 고체의 모양과 부피 변화 관찰하기 (탐구)

실험 동영상

탐구 과정

❶ 나무 막대와 플라스틱 막대로 쌓기 놀이를 하면서 막대를 자유롭게 관찰합니다.
❷ 나무 막대와 플라스틱 막대를 각각 여러 가지 모양의 투명한 용기에 옮겨 담으면서 막대의 모양과 부피 변화를 관찰합니다.

⬆ 나무 막대   ⬆ 플라스틱 막대

탐구 결과

❶ 나무 막대와 플라스틱 막대의 성질

나무 막대		플라스틱 막대	
• 단단함.	• 쌓을 수 있음.	• 단단함.	• 쌓을 수 있음.
• 눈으로 볼 수 있음.	• 손으로 잡을 수 있음.	• 눈으로 볼 수 있음.	• 손으로 잡을 수 있음.

❷ 막대를 여러 가지 모양의 용기에 옮겨 담을 때 막대의 모양과 부피

나무 막대		플라스틱 막대	
모양	부피	모양	부피
변하지 않음.	변하지 않음.	변하지 않음.	변하지 않음.

❸ 나무 막대와 플라스틱 막대의 공통적인 성질
  • 눈으로 볼 수 있습니다.
  • 손으로 잡을 수 있습니다.
  • 담는 용기가 바뀌어도 모양과 부피가 변하지 않습니다.

❷ 고체

1 고체: 담는 용기가 바뀌어도 모양과 부피가 변하지 않는 물질의 상태

2 고체의 성질

① 고체는 눈으로 볼 수 있고 손으로 잡을 수 있습니다.
② 고체를 여러 가지 모양의 용기에 담아도 모양과 부피가 변하지 않습니다.

모래, 설탕, 소금과 같은 가루 물질도 고체예요.

3 우리 주변에서 볼 수 있는 고체의 예: 시계, 색연필, 책상, 의자 등

⬆ 시계

⬆ 색연필

⬆ 책상

⬆ 의자

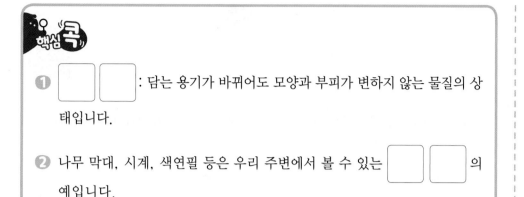

문제로

개념 탄탄

→ 바른답·알찬풀이 22 쪽

정답 확인

학습한 내용을 확인해 보세요.

핵심 콕

① ☐☐ : 담는 용기가 바뀌어도 모양과 부피가 변하지 않는 물질의 상태입니다.

② 나무 막대, 시계, 색연필 등은 우리 주변에서 볼 수 있는 ☐☐의 예입니다.

3
단원

공부한 날

월

일

1 다음은 오른쪽 나무 막대의 성질에 대한 설명입니다. ( ) 안에 들어갈 알맞은 말에 각각 ○표 해 봅시다.

(1) 쌓을 수 (있다, 없다).

(2) 손으로 잡을 수 (있다, 없다).

(3) 담는 용기가 바뀌면 모양이 (변한다, 변하지 않는다).

나무 막대

2 다음은 플라스틱 막대를 여러 가지 모양의 용기에 옮겨 담았을 때의 결과입니다. 플라스틱 막대와 같은 물질의 상태는 무엇인지 써 봅시다.

플라스틱 막대는 담는 용기가 바뀌어도 모양과 부피가 변하지 않는다.

( )

3 고체에 대한 설명으로 옳은 것에 ○표, 옳지 않은 것에 ×표 해 봅시다.

(1) 눈으로 볼 수 없다. ( )

(2) 책상과 의자는 고체이다. ( )

(3) 담는 용기가 바뀌면 부피가 늘어난다. ( )

공부한 내용을

😊 자신 있게 설명할 수 있어요.

😐 설명하기 조금 힘들어요.

😟 어려워서 설명할 수 없어요.

액체의 성질

❶ 액체의 모양과 부피 변화 관찰하기

탐구 ❶ 물과 주스의 모양 변화 관찰하기

탐구 과정

물과 주스를 자유롭게 관찰한 뒤, 물과 주스를 각각 여러 가지 모양의 투명한 용기에 옮겨 담으면서 모양 변화를 관찰합니다.

탐구 결과

❶ 물과 주스의 성질

물	주스
• 흐를 수 있음.　　• 눈으로 볼 수 있음. • 손으로 잡을 수 없음.	• 흐를 수 있음.　　• 눈으로 볼 수 있음. • 손으로 잡을 수 없음.

❷ 물과 주스를 여러 가지 모양의 용기에 옮겨 담을 때 물과 주스의 모양

물	주스
물 → → → → 담는 용기에 따라 변함.	주스 → → → → 담는 용기에 따라 변함.

탐구 ❷ 물과 주스의 부피 변화 관찰하기

탐구 과정

물과 주스를 각각 다른 용기에 옮겨 담았다가 다시 처음에 사용한 용기에 담은 뒤 높이 변화를 관찰합니다.

탐구 결과

❶ 물과 주스를 처음에 사용한 용기에 다시 옮겨 담을 때 물과 주스의 부피

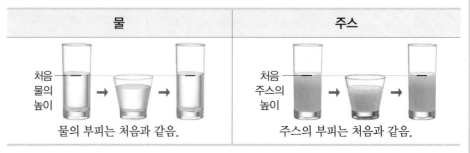

물	주스
처음 물의 높이 → → 물의 부피는 처음과 같음.	처음 주스의 높이 → → 주스의 부피는 처음과 같음.

❷ 물과 주스의 공통적인 성질
- 흐를 수 있습니다.
- 눈으로 볼 수 있습니다.
- 손으로 잡을 수 없습니다.
- 담는 용기에 따라 모양이 변합니다.
- 담는 용기가 바뀌어도 부피가 변하지 않습니다.

용기에 담은 액체의 높이를 확인하는 방법

액체의 높이를 확인할 때에는 액체의 높이와 눈높이를 같게 합니다.

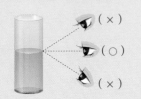

용어 사전

★ 주스 과일이나 채소를 짜낸 즙

② 액체

1 액체: 담는 용기에 따라 모양은 변하지만 부피는 변하지 않는 물질의 상태

2 액체의 성질

① 흐를 수 있고 눈으로 볼 수 있지만, 손으로 잡을 수 없습니다.

② 여러 가지 모양의 용기에 담으면 용기에 따라 모양은 변하지만, 부피는 변하지 않습니다.

3 우리 주변에서 볼 수 있는 액체의 예: 식용유, 우유, 간장 등

↑ 식용유

↑ 우유

↑ 간장

 창의융합 과학·예술

고체와 액체로 만드는 예술

우리 주변에서 흔히 볼 수 있는 고체나 액체로 다양한 작품을 만들 수 있습니다.

활동 고체와 액체를 이용한 작품 만들기

종이컵과 물감을 이용하여 나만의 작품을 만들어 봅시다.

❶ 종이컵을 오려 펼친 뒤 도화지에 대고 모양을 따라 그립니다.

❷ ❶의 그림을 오려 다른 종이컵에 끼워 넣습니다.

❸ 물에 탄 물감을 일회용 스포이트로 종이컵에 조금씩 넣으면서 종이컵을 천천히 돌립니다.

❹ 도화지를 꺼내 말리고 그림을 그려 작품을 완성한 뒤 친구들에게 소개합니다.

❶ 펼친 종이컵 ❷ 도화지

❸ 일회용 스포이트

활동 결과 예시

↑ 하늘색 물감을 이용하여 바닷속 모습을 나타낸 작품

↑ 초록색 물감을 이용하여 숲속의 모습을 나타낸 작품

우리 주변에서 볼 수 있는 또 다른 액체의 예

식초, 탄산음료, 꿀, 비눗물 등은 액체입니다.

3
단원

공부한 날

월

일

액체의 부피 비교하기

서로 다른 모양의 용기에 담긴 액체는 부피를 비교하기 어렵습니다. 이때 액체를 모양과 크기가 같은 용기에 옮겨 담으면 부피를 비교할 수 있습니다.

↑ 주스의 부피 비교

용어 사전

★ **일회용 스포이트** 소량의 액체를 옮겨 넣을 때 쓰는 도구로, 전체가 플라스틱으로 되어 있음.

바른답·알찬풀이 22쪽

스스로 확인해요
『과학』64쪽

1 ( )은/는 담는 용기에 따라 모양은 변하지만 부피는 변하지 않는 물질의 상태입니다.

2 사고 꿀도 액체인지 생각해 보고, 그렇게 생각한 까닭을 이야기해 봅시다.

학습한 내용을
확인해 보세요.

핵심콕

① 물은 담는 용기에 따라 □□ 이/가 변합니다.

② 주스를 담는 용기가 바뀌어도 주스의 □□ 은/는 변하지 않습니다.

[1~2] 다음과 같이 주스를 모양이 다른 용기에 옮겨 담았다가 다시 처음에 사용한 용기에 담았습니다. 물음에 답해 봅시다.

처음 주스의
높이

주스

1 위 실험에서 변하는 것과 변하지 않는 것을 각각 선으로 이어 봅시다.

⑴ | 변하는 것 | •   • | ㉠ | 주스의 부피 |

⑵ | 변하지 않는 것 | •   • | ㉡ | 주스의 모양 |

2 위 주스와 같은 성질이 있는 물질의 상태는 무엇인지 써 봅시다.

(   )

3 다음 중 액체는 어느 것입니까? (   )

①
책상

②
우유

③
시계

④
색연필

➡ 바른답·알찬풀이 22 쪽

❸ ☐☐ : 담는 용기에 따라 모양은 변하지만 부피는 변하지 않는 물질의 상태입니다.

❹ 식용유, 우유, 간장 등은 우리 주변에서 볼 수 있는 ☐☐의 예입니다.

3
단원

공부한 날

월

일

[4~6] 다음 **보기**는 우리 주변에서 볼 수 있는 물질입니다. 물음에 답해 봅시다.

보기

| 물 | 의자 | 간장 | 나무 막대 |

4 흐를 수 있는 물질을 **보기**에서 두 가지 골라 써 봅시다.

(,   )

5 담는 용기에 따라 모양이 변하는 물질을 **보기**에서 두 가지 골라 써 봅시다.

(,   )

6 담는 용기가 바뀌어도 모양과 부피가 변하지 <u>않는</u> 물질을 **보기**에서 두 가지 골라 써 봅시다.

(,   )

7 오른쪽 식용유에 대한 설명으로 옳은 것에 ○표, 옳지 <u>않은</u> 것에 ×표 해 봅시다.

(1) 고체이다.   (   )

(2) 눈으로 볼 수 있다.   (   )

(3) 담는 용기에 따라 부피가 변한다. (   )

식용유

공부한 내용을

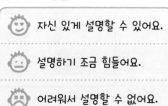

😊 자신 있게 설명할 수 있어요.

😐 설명하기 조금 힘들어요.

😞 어려워서 설명할 수 없어요.

문제로 실력 쑥쑥

01 다음은 고체에 대한 설명입니다. ( ) 안에 들어갈 알맞은 말을 각각 써 봅시다.

> 고체는 담는 용기가 바뀌어도 (㉠)과/와 부피가 변하지 않는 물질의 (㉡)이다.

㉠: ( ), ㉡: ( )

중요
02 다음 나무 막대와 플라스틱 막대의 공통적인 성질로 옳은 것은 어느 것입니까? ( )

나무 막대 플라스틱 막대

① 흐를 수 있다.
② 눈으로 볼 수 없다.
③ 손으로 잡을 수 있다.
④ 담는 용기가 바뀌면 부피가 변한다.
⑤ 담는 용기가 바뀌면 모양이 변한다.

03 다음과 같이 용기에 담긴 플라스틱 막대를 다른 용기에 옮길 때의 결과로 옳은 것을 **보기**에서 골라 기호를 써 봅시다.

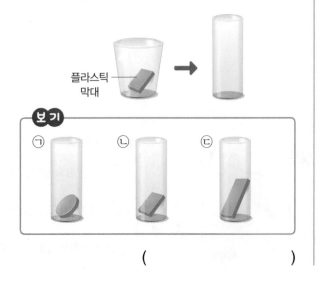

플라스틱 막대

보기

㉠ ㉡ ㉢

( )

04 다음 중 고체가 <u>아닌</u> 것은 어느 것입니까?
( )

① 색연필
② 책상
③ 시계
④ 간장

서술형
05 다음은 고체에 대한 학생 (가)~(다)의 대화입니다. <u>잘못</u> 말한 학생은 누구인지 쓰고, 옳게 고쳐 설명해 봅시다.

의자와 책은 고체야. 모래나 설탕 같은 가루 물질도 고체야. 고체는 담는 용기에 따라 모양이 변해.

(가) (나) (다)

_____

_____

→ 바른답·알찬풀이 22 쪽

06 오른쪽 물의 성질로 옳은 것을 **보기**에서 골라 기호를 써 봅시다.

물

> **보기**
> ㉠ 단단하다.
> ㉡ 쌓을 수 있다.
> ㉢ 손으로 잡을 수 없다.

(   )

[07~08] 다음과 같이 투명한 용기에 담은 주스를 모양이 다른 용기에 옮겨 담았습니다. 물음에 답해 봅시다.

처음 주스의 높이

주스

중요

07 위 주스에 대한 설명으로 옳지 <u>않은</u> 것을 **보기**에서 골라 기호를 써 봅시다.

> **보기**
> ㉠ 액체이다.
> ㉡ 흐를 수 있다.
> ㉢ 담는 용기가 바뀌어도 모양이 변하지 않는다.

(   )

서술형

08 위 주스를 오른쪽과 같이 처음에 사용한 용기에 다시 옮겨 담을 때, 주스의 높이는 어떻게 되는지 설명해 봅시다.

처음 주스의 높이

....

....

중요

09 오른쪽 우유를 다른 모양의 용기에 옮겨 담을 때 모양과 부피 변화를 옳게 짝 지은 것은 어느 것입니까? (   )

우유

	모양	부피
①	변한다.	늘어난다.
②	변한다.	줄어든다.
③	변한다.	변하지 않는다.
④	변하지 않는다.	늘어난다.
⑤	변하지 않는다.	변하지 않는다.

[10~11] 다음은 어떤 물질의 상태에 대한 설명입니다. 물음에 답해 봅시다.

> • 눈으로 볼 수 있다.
> • 손으로 잡을 수 없다.
> • 담는 용기에 따라 모양은 변하지만 부피는 변하지 않는다.

10 위에서 설명한 물질의 상태는 무엇인지 써 봅시다.
(   )

11 위 **10**번의 상태에 해당하는 물질을 **보기**에서 골라 기호를 써 봅시다.

> **보기**

㉠ 식용유   ㉡ 의자   ㉢ 철 클립

(   )

공기를 확인하는 방법

공기가 있음을 확인하는 또 다른 방법

• 물이 담긴 수조 속에 빈 플라스틱병을 넣고 손으로 누르면 플라스틱병 입구에서 공기 방울이 생겨 위로 올라옵니다.

• 주사기의 피스톤을 바깥으로 당긴 뒤 주사기 끝을 물이 담긴 수조 속에 넣고 피스톤을 밀면 주사기 끝에서 공기 방울이 생겨 위로 올라옵니다.

우리 주변에 공기가 있는 것을 알 수 있는 또 다른 현상

• 연이 하늘을 납니다.

• 선풍기에서 나오는 바람이 느껴집니다.

• 튜브 마개를 열고 튜브를 누르면 튜브 속의 공기가 빠져나옵니다.

용어 사전

★ **공기** 지구를 둘러싸고 있는 기체

바른답·알찬풀이 23 쪽

스스로 확인해요

『과학』 67 쪽

1 바람개비가 돌아가거나 깃발이 휘날리는 것은 우리 주변에 (　　　)이/가 있기 때문입니다.

2 (탐구) 우리 주변에 공기가 있는 것을 알 수 있는 예를 설명해 봅시다.

❶ 바람개비로 공기가 있음을 확인하기 (활동)

활동 방법

바람개비를 만들고 돌려 보면서 공기가 있는 것을 확인해 봅니다.

❶ 색종이를 삼각형 모양으로 두 번 접고, 접은 선의 $\frac{2}{3}$ 지점까지 오립니다.

❷ 오린 부분의 한쪽 끝을 가운데로 모으고 풀로 붙입니다.

❸ 종이 가운데에 고정 핀을 꽂고 수수깡을 연결하여 바람개비를 완성합니다.

❹ 바람개비를 돌려 보면서 바람개비가 돌아가는 까닭을 이야기합니다.

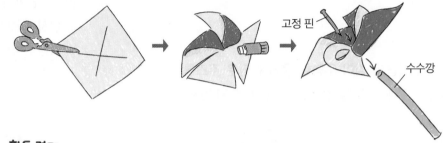

고정 핀

수수깡

활동 결과

바람개비가 돌아가는 까닭은 공기가 있기 때문입니다.

공기가 바람개비의 날개 사이로 흘러가기 때문에 바람개비가 돌아가요.

❷ 우리 주변의 공기

1 우리 주변의 공기: 공기는 눈에 보이지 않지만 우리 주변에 있습니다.

2 공기가 있는 것을 알 수 있는 현상

바람개비가 돌아감.

깃발이 휘날림.

나뭇가지가 흔들림.

공기가 든 풍선의 입구를 쥐었다가 놓을 때 풍선 속 공기가 빠져나오는 것을 느낄 수 있음.

부채를 이용하여 바람을 일으킬 때 공기를 느낄 수 있음.

바람에 머리카락이 휘날림.

학습한 내용을
확인해 보세요.

핵심 콕

① ☐☐ 은/는 눈에 보이지 않지만 우리 주변에 있습니다.

② 바람개비가 돌아가는 까닭은 ☐☐ 이/가 있기 때문입니다.

1 오른쪽은 부풀린 풍선의 입구를 쥐었다가 놓는 모습입니다. 풍선 속에서 빠져나오는 것으로 알맞은 것을 **보기** 에서 골라 써 봅시다.

보기

물   모래   공기   나무

(   )

2 다음 현상을 통해 공통적으로 알 수 있는 것을 **보기** 에서 골라 기호를 써 봅시다.

바람개비가 돌아감.

깃발이 휘날림.

나뭇가지가 흔들림.

보기

㉠ 우리 주변에 물이 있다.

㉡ 우리 주변에 공기가 있다.

㉢ 우리 주변에 식물이 있다.

(   )

공부한 내용을

😊 자신 있게 설명할 수 있어요.

😐 설명하기 조금 힘들어요.

😞 어려워서 설명할 수 없어요.

3 우리 주변에 공기가 있는 것을 알 수 있는 현상으로 옳은 것에 ○표, 옳지 <u>않은</u> 것에 ×표 해 봅시다.

(1) 바람에 머리카락이 휘날린다.   (   )

(2) 부채를 이용하여 바람을 일으킨다.   (   )

(3) 물이 가득 든 컵을 기울이면 물이 쏟아진다.   (   )

기체의 성질

용기에 들어 있는 기체의 모양

용기에 들어 있는 기체의 모양은 용기의 모양과 같습니다.
예 서로 다른 모양의 풍선에 담긴 공기의 모양은 풍선의 모양과 같습니다.

⬆ 서로 다른 모양의 풍선에 공기가 담긴 모습

❶ 기체가 공간을 차지하고 있음을 알아보는 실험하기 🔬탐구

실험 동영상

탐구 ❶ 공기가 공간을 차지하는지 알아보기

탐구 과정

❶ 물을 수조에 $\frac{2}{3}$ 정도 담고 유성 펜으로 물의 높이를 표시한 뒤, 물 위에 탁구공을 띄웁니다.

❷ 아랫부분이 잘린 페트병의 뚜껑을 닫고, 페트병으로 탁구공을 덮습니다.

❸ 페트병을 똑바로 세우고 수조 바닥까지 밀어 넣으면서 탁구공의 위치 변화와 수조 안 물의 높이 변화를 관찰합니다.

❹ 페트병을 밀어 넣은 상태에서 뚜껑을 열고, 탁구공의 위치 변화와 수조 안 물의 높이 변화를 관찰합니다.

탐구 결과

페트병의 뚜껑을 닫았을 때

뚜껑
아랫부분이 잘린 페트병
탁구공
처음 물의 높이
→ 수조 안 물의 높이가 처음보다 높아졌어요.

❶ 탁구공의 위치와 수조 안 물의 높이: 탁구공이 수조 바닥으로 가라앉고, 수조 안 물의 높이가 조금 높아짐.

❷ ❶과 같은 결과가 나타난 까닭: 페트병 속 공기가 공간을 차지하고 있기 때문에 물을 밀어냄. ➡ 탁구공이 수조 바닥으로 가라앉고, 페트병 속 공기의 부피만큼 물이 밀려 나와 수조 안 물의 높이가 높아짐.

페트병의 뚜껑을 열었을 때

뚜껑
처음 물의 높이
→ 수조 안 물의 높이가 처음과 같아졌어요.

❶ 탁구공의 위치와 수조 안 물의 높이: 탁구공이 다시 위로 올라오고, 수조 안 물의 높이가 다시 처음과 같아짐.

❷ ❶과 같은 결과가 나타난 까닭: 페트병 속 공기가 빠져나가고 물이 페트병 속으로 들어오기 때문에 탁구공이 위로 올라오고, 수조 안 물의 높이가 처음과 같아짐.

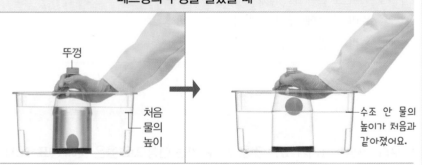

용어 사전

★ **공간** 어떤 물질이 있을 수 있는 자리

★ **페트병** 음료를 담는 일회용 병으로, 투명하고 얇은 플라스틱으로 이루어짐.

탐구 ❷ 공기가 공간을 이동할 수 있는지 알아보기

탐구 과정

❶ 비닐장갑에 유성 펜으로 우리 모둠을 알리는 그림을 그린 뒤, 비닐장갑을 아랫부분이 잘린 페트병의 입구에 고무줄로 묶고, 입구를 집게로 막습니다.

❷ 페트병을 똑바로 세우고 물이 담긴 수조의 바닥까지 밀어 넣습니다.

❸ 집게를 빼고 비닐장갑의 모양 변화를 관찰합니다.

탐구 결과

비닐장갑의 모양이 달라지는 것을 통해 공기는 담는 용기에 따라 모양이 변한다는 것을 알 수 있어요.

페트병을 밀어 넣기 전	집게를 빼기 전	집게를 뺀 후

❶ 비닐장갑의 모양 변화: 집게를 빼면 비닐장갑이 부풀어 오름.

❷ 집게를 빼기 전과 뺀 후의 비닐장갑의 모양이 다른 까닭: 페트병 속 공기가 비닐장갑 속으로 이동하였기 때문에 비닐장갑의 모양이 달라짐.

• 탐구 ❶과 탐구 ❷에서 관찰한 결과로 알 수 있는 공기의 성질: 공기는 공간을 차지하며, 공간을 이동할 수 있습니다. 또, 공기는 담는 용기에 따라 모양이 변합니다.

❷ 기체

1 기체: 담는 용기에 따라 모양이 변하고, 담긴 용기를 가득 채우는 물질의 상태

2 기체의 성질

① 공간을 차지하며, 공간을 이동할 수 있습니다.

② 담는 용기에 따라 모양이 변합니다.

③ 공기처럼 대부분 눈에 보이지 않고, 손으로 잡을 수 없습니다.

3 우리 주변에서 공기를 이용하는 예: 풍선, 공기 침대, 자전거 바퀴 타이어, 축구공, 바람 인형, 풍선 미끄럼틀 등

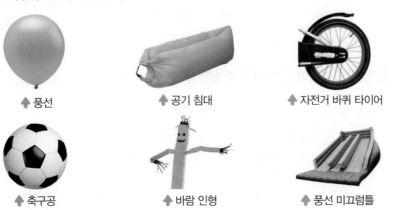

🔺 풍선　　🔺 공기 침대　　🔺 자전거 바퀴 타이어

🔺 축구공　　🔺 바람 인형　　🔺 풍선 미끄럼틀

공기가 공간을 이동하는 예

공기 주입기를 이용하여 풍선을 부풀릴 때 풍선 밖의 공기가 풍선 속으로 이동하므로 풍선이 부풀어 오릅니다.

풍선

공기 주입기

🔺 공기 주입기를 이용하여 풍선을 부풀리는 모습

우리 주변에서 공기를 이용하는 또 다른 예

튜브, 공기베개, 구명조끼, 자동차 바퀴 타이어, 에어 캡(뽁뽁이) 등은 우리 주변에서 공기를 이용하는 예입니다.

용어 사전

★ 이동　움직여 자리를 바꿈.

바른답·알찬풀이 24 쪽

스스로 확인해요　『과학』71 쪽

1 (　　　)은/는 담는 용기에 따라 모양이 변하고, 담긴 용기를 가득 채우는 물질의 상태입니다.

2 탐구 공기가 공간을 차지하며 공간을 이동할 수 있는 성질을 이용한 예를 찾아 설명해 봅시다.

문제로
개념 탄탄

학습한 내용을
확인해 보세요.

핵심 콕

❶ 공기는 [ ] [ ] 을/를 차지하며, 공간을 이동할 수 있습니다.

❷ [ ] [ ] : 담는 용기에 따라 모양이 변하고, 담긴 용기를 가득 채우는 물질의 상태입니다.

[1~2] 오른쪽은 물 위에 탁구공을 띄운 뒤, 아랫부분이 잘린 페트병의 뚜껑을 닫고 페트병으로 탁구공을 덮어 수조 바닥까지 밀어 넣는 실험입니다. 물음에 답해 봅시다.

아랫부분이 잘린 페트병

처음 물의 높이

탁구공

1 위 실험 결과 탁구공의 위치로 옳은 것을 골라 기호를 써 봅시다.

ⓐ   ⓑ

(   )

2 다음은 위 **1**번과 같은 결과가 나타난 까닭입니다. ( ) 안에 들어갈 알맞은 말에 ○표 해 봅시다.

> 페트병 속 (물, 공기)이/가 공간을 차지하고 있기 때문이다.

3 다음과 같은 성질이 있는 물질의 상태를 써 봅시다.

> • 담는 용기에 따라 모양이 변한다.
> • 공간을 차지하며, 공간을 이동할 수 있다.
> • 대부분 눈에 보이지 않고, 손으로 잡을 수 없다.

(   )

→ 바른답·알찬풀이 **24** 쪽

❸ 서로 다른 모양의 풍선에 들어 있는 공기의 모양은 ☐☐ 의 모양과 같습니다.

❹ 기체는 대부분 눈에 보이지 않고, ☐ (으)로 잡을 수 없습니다.

❺ 풍선, 축구공, 바람 인형 등은 우리 주위에서 ☐☐ 을/를 이용하는 예입니다.

3
단원

공부한 날

월

일

4 다음은 공기의 성질을 알아보기 위한 실험입니다. 이에 대한 설명으로 옳은 것에 ○표, 옳지 <u>않은</u> 것에 ×표 해 봅시다.

(가)

(나)

(다)

비닐장갑을 아랫부분이 잘린 페트병의 입구에 고무줄로 묶고, 입구를 집게로 막는다.

페트병을 똑바로 세우고 물이 담긴 수조의 바닥까지 밀어 넣는다.

집게를 빼고 비닐장갑의 모양 변화를 관찰한다.

⑴ 실험 결과 비닐장갑이 쭈그러든다.   (   )
⑵ 실험 결과 페트병 속 공기가 비닐장갑 속으로 이동한다.   (   )
⑶ 실험으로 공기는 공간을 이동할 수 있다는 사실을 알 수 있다. (   )

5 다음 중 기체를 두 가지 골라 봅시다.   (,   )

①
주스

②
의자

③
축구공 속 공기

④
풍선 미끄럼틀 속 공기

공부한 내용을

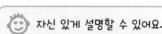 자신 있게 설명할 수 있어요.

 설명하기 조금 힘들어요.

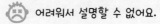 어려워서 설명할 수 없어요.

3 기체의 무게

공기 주입 마개

고무로 된 동그란 부분을 손으로 눌러 외부의 공기를 페트병 속으로 넣는 장치입니다.

고무로 된 동그란 부분

페트병에 끼우는 부분

풍선의 무게

| 공기를 넣기 전 풍선의 무게 | < | 공기를 넣은 후 풍선의 무게 |

공기를 넣기 전의 풍선보다 공기를 넣은 후의 풍선이 더 무겁습니다.

 용어 사전

★ **무게** 물체의 무겁고 가벼운 정도

바른답·알찬풀이 24 쪽

 스스로 확인해요 『과학』 74 쪽

1 기체는 무게가 (있습니다, 없습니다).

2 (의사소통) 공기가 빠져 쭈글쭈글한 물놀이 공에 공기를 가득 넣으면 물놀이 공의 무게가 어떻게 될지 친구들과 함께 이야기해 봅시다.

---

❶ 기체가 무게가 있음을 알아보는 실험하기 (탐구)

실험 동영상

탐구 과정

❶ 입구에 공기 주입 마개를 끼운 페트병의 무게를 전자저울로 측정합니다.
❷ 공기 주입 마개를 여러 번 눌러 페트병에 공기를 넣습니다.
❸ 공기를 넣은 페트병의 무게를 전자저울로 측정합니다.

탐구 결과

❶ 공기 주입 마개로 공기를 넣기 전과 넣은 후 페트병의 무게

공기를 넣기 전의 무게	공기를 넣은 후의 무게

공기 주입 마개

페트병

전자저울

49.4 g

50.0 g

• 공기 주입 마개로 페트병에 공기를 넣으면 페트병이 팽팽해짐.
• 공기 주입 마개로 공기를 넣기 전보다 넣은 후의 페트병의 무게가 더 무거움.

❷ 관찰한 결과로 알 수 있는 기체의 성질: 기체는 무게가 있습니다.

❷ 기체의 무게

1 **기체의 무게**: 기체도 고체나 액체처럼 무게가 있습니다.
2 **기체에 무게가 있음을 알 수 있는 예**: 고무보트에 공기를 넣은 뒤 고무보트를 들면 공기를 넣기 전보다 더 무겁게 느껴집니다.

창의융합 (과학 수학) 공기에 무게가 있음을 알아낸 과학자

오래전에는 공기에 무게가 없다고 생각하였습니다. 그러나 이탈리아의 과학자 갈릴레이가 공기에 무게가 있다는 사실을 주장하였고, 갈릴레이의 제자인 토리첼리가 실험으로 공기에 무게가 있는 것을 확인하였습니다.

(활동) 교실 안에 있는 공기의 무게 느껴 보기

우리가 생활하는 교실 안에 있는 공기의 무게는 200 kg 정도 된다고 합니다. 이 무게는 어떤 것의 무게와 같을지 찾고, 어느 정도 무거운 것인지 느껴 봅시다.

활동 결과 예시

• 교실 안에 있는 공기의 무게는 1 kg 책 이백 권의 무게와 같다.
• 교실 안에 있는 공기의 무게는 2 kg 책가방 백 개의 무게와 같다.

학습한 내용을
확인해 보세요.

① 기체도 고체나 액체처럼 ☐☐ 이/가 있습니다.

② 고무보트에 공기를 넣은 뒤 고무보트를 들면 공기를 넣기 전보다 더 무겁게
느껴지는데, 그 까닭은 공기에 ☐☐ 이/가 있기 때문입니다.

[1~2] 오른쪽은 입구에 공기 주입 마개를 끼운 페트병의
무게를 전자저울로 측정하는 모습입니다. 물음에 답해 봅
시다.

공기 주입 마개

페트병

전자저울

1 위 실험에 대한 설명으로 옳은 것에 ◯표, 옳지 <u>않은</u> 것에 ×표 해 봅시다.

(1) 페트병에는 공기가 들어 있다. ( )
(2) 공기 주입 마개를 여러 번 누르면 페트병이 팽팽해진다. ( )
(3) 공기 주입 마개를 여러 번 누르면 페트병 속 공기가 빠져나온다. ( )

2 다음은 위 실험에서 공기 주입 마개로 페트병에 공기를 넣은 다음 전자저울로 무게
를 측정했을 때의 결과입니다. ( ) 안에 들어갈 알맞은 말에 ◯표 해 봅시다.

공기 주입 마개로 페트병에 공기를 넣기 전보다 넣은 후의 페트병의 무게가
더 (가볍다, 무겁다).

3 다음 중 더 무거운 것에 ◯표 해 봅시다.

(1)

공기를 넣기 전의
고무보트
( )

공기를 넣은 후의
고무보트
( )

(2)

공기를 넣기 전의
풍선
( )

공기를 넣은 후의
풍선
( )

공부한 내용을

 자신 있게 설명할 수 있어요.

 설명하기 조금 힘들어요.

 어려워서 설명할 수 없어요.

3단원

공부한 날

월

일

우리 주변의 물질 분류하기

실험 관찰

물질의 세 가지 상태

- 고체: 담는 용기가 바뀌어도 모양과 부피가 변하지 않는 물질의 상태
- 액체: 담는 용기에 따라 모양은 변하지만 부피는 변하지 않는 물질의 상태
- 기체: 담는 용기에 따라 모양이 변하고, 담긴 용기를 가득 채우는 물질의 상태

상태에 따른 우리 주변 물질의 분류

고체	책상, 시계, 색연필, 책, 철 클립 등
액체	물, 간장, 식용유, 식초 등
기체	공기 침대 속 공기, 바람 인형 속 공기, 자전거 바퀴 타이어 속 공기 등

❶ 물질의 상태

1 물질의 상태: 고체, 액체, 기체의 세 가지 상태가 있습니다.

2 우리 주변에 있는 물질의 상태: 우리 주변에 있는 물질은 상태에 따라 고체, 액체, 기체로 분류할 수 있습니다.

❷ 우리 주변의 물질 분류하기 탐구

1 조사하기 그림에 제시된 물질의 상태를 이야기해 봅니다.

물질	상태	물질	상태	물질	상태
풍선 속 공기	기체	우유	액체	비눗방울 속 공기	기체
의자	고체	딸기주스	액체	장난감 블록	고체
고깔모자	고체	선물 상자	고체	비눗물	액체
접시	고체	오렌지주스	액체	축구공 속 공기	기체

2 분류하기 물질을 상태에 따라 분류합니다.

3 정리하기 모둠별로 물질을 상태에 따라 분류한 결과를 모두 모아 정리합니다.

고체	액체	기체
의자, 고깔모자, 접시, 선물 상자, 장난감 블록 등	우유, 딸기주스, 오렌지주스, 비눗물 등	풍선 속 공기, 비눗방울 속 공기, 축구공 속 공기 등

4 평가하기 활동을 되돌아보며 우리 모둠원의 활동 과정을 평가합니다.

핵심콕

① 우리 주변의 물질은 [ ][ ]에 따라 고체, 액체, 기체로 분류할 수 있습니다.

② 우유와 딸기주스는 고체, 액체, 기체 중 [ ][ ]입니다.

③ 비눗방울 속 공기는 고체, 액체, 기체 중 [ ][ ]입니다.

학습한 내용을
확인해 보세요.

3
단원

공부한 날

월

일

1 다음 물질과 그 물질의 상태를 선으로 이어 봅시다.

(1)

오렌지주스

• ㉠ 고체

(2)

장난감 블록

• ㉡ 액체

(3)

풍선 속 공기

• ㉢ 기체

2 다음 **보기**의 물질을 고체, 액체, 기체로 분류하여 써 봅시다.

보기

식용유   선물 상자   축구공 속 공기

(1) **고체**	(2) **액체**	(3) **기체**

공부한 내용을

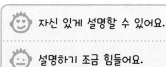 자신 있게 설명할 수 있어요.

설명하기 조금 힘들어요.

 어려워서 설명할 수 없어요.

01 다음은 우리 주변에서 일어나는 현상입니다. ( ) 안에 들어갈 알맞은 말을 써 봅시다.

ㄱ

깃발이 휘날림.

ㄴ

부채를 이용하여
바람을 일으킴.

> ㄱ과 ㄴ을 통해 우리 주변에 ( )이/
> 가 있는 것을 알 수 있다.

( )

[02~03] 다음은 물 위에 탁구공을 띄운 뒤, 아랫부분이 잘린 페트병의 뚜껑을 닫고 페트병으로 탁구공을 덮어 수조 바닥까지 밀어 넣었을 때의 결과입니다. 물음에 답해 봅시다.

뚜껑
아랫부분이
잘린 페트병
처음 물의 높이
탁구공

중요
02 다음은 위 실험으로 알 수 있는 사실입니다. ( ) 안에 들어갈 알맞은 말을 써 봅시다.

> 공기는 ( )을/를 차지한다.

( )

서술형
03 위 페트병의 뚜껑을 열었을 때 탁구공의 위치와 수조 안 물의 높이는 어떻게 될지 설명해 봅시다.

....

....

[04~05] 다음은 공기의 성질을 알아보기 위한 실험입니다. 물음에 답해 봅시다.

> [실험 과정]
> (가) 비닐장갑을 아랫부분이 잘린 페트병의 입구에 고무줄로 묶고, 입구를 집게로 막는다.
> (나) 과정 (가)의 페트병을 물이 담긴 수조의 바닥까지 밀어 넣는다.
> (다) 집게를 빼고 비닐장갑의 모양 변화를 관찰한다.
> [실험 결과]
> 비닐장갑이 부풀어 오른다.
>
>
> 집게
> 비닐장갑
> 아랫부분이
> 잘린 페트병

중요
04 위 실험에서 비닐장갑이 부풀어 오르는 까닭으로 옳은 것은 어느 것입니까? ( )

① 수조 속 물의 높이가 높아졌기 때문에
② 페트병 속 공기가 밖으로 빠져나갔기 때문에
③ 수조 속 물이 비닐장갑 속으로 이동하기 때문에
④ 페트병 속 공기가 비닐장갑 속으로 이동하기 때문에
⑤ 비닐장갑 속 공기가 페트병 속으로 이동하기 때문에

05 위 실험으로 알 수 있는 기체의 성질을 **보기**에서 골라 기호를 써 봅시다.

> **보기**
> ㄱ 단단하다.
> ㄴ 손으로 잡을 수 없다.
> ㄷ 공간을 이동할 수 있다.

( )

중요

06 다음 중 기체의 성질로 옳지 <u>않은</u> 것은 어느 것입니까? (   )

① 공간을 차지한다.

② 손으로 잡을 수 없다.

③ 공간을 이동할 수 있다.

④ 담긴 용기를 가득 채운다.

⑤ 담는 용기가 바뀌어도 모양이 변하지 않는다.

07 다음에서 공통적으로 이용하는 물질은 무엇인지 **보기**에서 골라 써 봅시다.

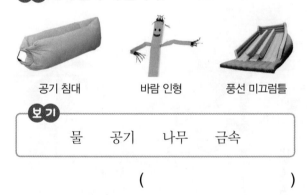

공기 침대   바람 인형   풍선 미끄럼틀

> **보기**
>
> 물   공기   나무   금속

(   )

08 오른쪽과 같이 공기 주입 마개를 끼운 페트병의 무게를 전자저울로 측정하였더니 49.4 g이었습니다. 공기 주입 마개를 여러 번 눌러 공기를 넣은 후 페트병의 무게를 측정하였을 때의 결과로 옳은 것을 **보기**에서 골라 기호를 써 봅시다.

공기 주입
마개
페트병
49.4

> **보기**
>
> ㉠ 49.4 g이다.
>
> ㉡ 49.4 g보다 무겁다.
>
> ㉢ 49.4 g보다 가볍다.

(   )

서술형

09 다음과 같이 고무보트에 공기를 넣은 후 고무보트를 들면 공기를 넣기 전보다 무겁게 느껴지는 까닭을 설명해 봅시다.

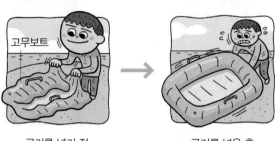

고무보트

공기를 넣기 전   공기를 넣은 후

중요

10 다음 물질을 고체, 액체, 기체로 분류하여 써 봅시다.

오렌지주스   풍선 속 공기   우유

장난감 블록   접시

(1) 고체: (   )

(2) 액체: (   )

(3) 기체: (   )

11 다음 중 물질과 그 물질의 상태를 옳게 짝 지은 것은 어느 것입니까? (   )

① 책 – 액체   ② 간장 – 기체

③ 시계 – 고체   ④ 식용유 – 고체

⑤ 축구공 속 공기 – 액체

3
단원

공부한 날

월

일

교과서 쏙쏙

 정리해요 친구들과 놀이를 하면서 이 단원의 학습 내용을 정리해 봅시다.

놀이 방법

준비물 •• 놀이용 말,  필기도구

❶ 짝과 가위바위보를 하여 이긴 사람이 계단과 미끄럼틀 중 하나를 고른 뒤 첫 번째 칸의 문제를 풉니다.

❷ 정답을 맞히면 그 칸에 있고, 맞히지 못하면 이전 칸으로 돌아갑니다.

❸ 다시 가위바위보를 하여 이긴 사람은 다음 칸으로 가서 문제를 풉니다.

❹ 먼저 도착한 사람이 승리합니다.

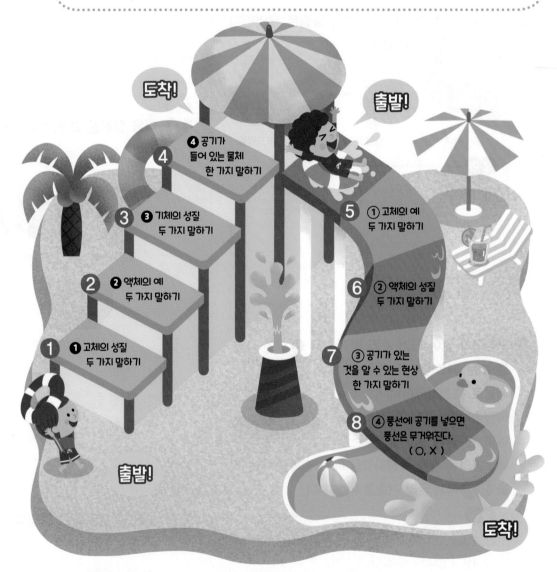

답안 길잡이 ❶ 담는 용기가 바뀌어도 모양이 변하지 않는다. 담는 용기가 바뀌어도 부피가 변하지 않는다. 등 ❷ 물, 주스, 식용유 등 ❸ 공간을 차지한다. 공간을 이동할 수 있다. 담는 용기에 따라 모양이 변한다. 등 ❹ 공기 침대, 바람 인형, 풍선 미끄럼틀 등 ❺ 나무 막대, 플라스틱 막대, 시계 등 ❻ 담는 용기에 따라 모양이 변한다. 담는 용기가 바뀌어도 부피가 변하지 않는다. 흐를 수 있다. 등 ❼ 깃발이 휘날린다. 바람개비가 돌아간다. 등 ❽ ○

개념을 정리해요 빈칸을 연필로 칠하면서 학습한 개념을 정리해 봅시다.

①
고체와 액체

① 고체 : 담는 용기가 바뀌어도 모양과 부피가 변하지 않는 물질의 상태
예) 나무 막대, 시계, 색연필 등

액체: 담는 용기에 따라 **②** 모양 은/는 변하지만 부피는 변하지 않는 물질의 상태
예) 물, 주스, 식용유 등

나무 막대

주스

풀이 고체는 담는 용기가 바뀌어도 모양과 부피가 변하지 않는 물질의 상태입니다. 액체는 담는 용기에 따라 모양은 변하지만 부피는 변하지 않는 물질의 상태입니다.

공기를 확인하는 방법: 바람개비가 돌아가거나 깃발이 휘날리는 모습 등으로 우리 주변에 **③** 공기 이/가 있는 것을 알 수 있음.

④ 기체 : 담는 용기에 따라 모양이 변하고, 담긴 용기를 가득 채우는 물질의 상태 예) 공기

②
기체

기체의 성질

⑤ 공간 을/를 차지함.　　공간을 **⑥** 이동 할 수 있음.

공기가 들어 있음.

공기의 이동 방향

풀이 우리 주변에 있는 공기는 기체입니다. 기체는 담는 용기에 따라 모양이 변하고, 담긴 용기를 가득 채우는 물질의 상태입니다. 기체는 공간을 차지하며, 공간을 이동할 수 있습니다.

기체의 무게: 기체는 무게가 있음.

③
물질의 상태에 따른 분류

물질은 상태에 따라 고체, **⑦**  액체 , 기체로 분류할 수 있음.

풀이 우리 주변의 물질은 상태에 따라 고체, 액체, 기체로 분류할 수 있습니다.

창의적으로 생각해요

『과학』 80 쪽

3D프린터로 만들고 싶은 작품을 이야기해 봅시다.

예시 답안 내가 원하는 모양의 신발을 만들고 싶다. 내가 짓고 싶은 집의 모형을 만들고 싶다. 내가 좋아하는 음식의 모형을 만들고 싶다. 등

01 나무 막대와 플라스틱 막대의 공통적인 성질로 옳은 것을 보기 에서 두 가지 골라 기호를 써 봅시다.

> **보기**
>
> ㉠ 눈으로 볼 수 있다.
> ㉡ 담는 용기가 바뀌어도 막대의 모양이 변하지 않는다.
> ㉢ 담는 용기가 바뀌면 막대가 차지하는 공간의 크기가 변한다.

(㉠ , ㉡)

풀이 나무 막대와 플라스틱 막대는 고체입니다. 고체는 눈으로 볼 수 있고, 담는 용기가 바뀌어도 모양과 부피가 변하지 않는 물질의 상태입니다.

02 다음 중 물과 주스의 공통적인 성질로 옳은 것은 어느 것입니까? (④)

① 고체이다.
② 흐르지 않는다.
③ 손으로 잡을 수 있다.
④ 담긴 용기를 기울이면 모양이 변한다.
⑤ 여러 가지 용기에 옮겨 담으면 용기에 따라 부피가 변한다.

풀이 물과 주스는 액체입니다. 액체는 흐를 수 있고, 손으로 잡을 수 없으며, 담는 용기에 따라 모양은 변하지만 부피는 변하지 않는 물질의 상태입니다.

03 다음과 같은 현상으로 우리 주변에 무엇이 있음을 알 수 있는지 써 봅시다.

> • 깃발이 휘날린다.
> • 바람개비가 돌아간다.
> • 부채를 이용하여 바람을 일으킨다.

(공기)

풀이 공기는 눈에 보이지 않지만 우리 주변에 있습니다. 깃발이 휘날리거나 바람개비가 돌아가는 것은 공기가 있기 때문입니다. 또, 부채질할 때 부는 바람으로 공기를 느낄 수 있습니다.

04 오른쪽과 같이 아랫부분이 잘린 페트병의 뚜껑을 닫고 물에 띄운 탁구공을 덮었습니다. 페트병을 똑바로 세우고 수조 바닥까지 밀어 넣었을 때의 변화로 옳은 것을 보기에서 두 가지 골라 기호를 써 봅시다.

아랫부분이 잘린 페트병
탁구공
처음 물의 높이

보기

㉠ 페트병 속에 물이 가득 찬다.

㉡ 수조 안 물의 높이가 높아진다.

㉢ 탁구공이 수조 바닥으로 가라앉는다.

㉣ 이 실험으로 공기에 무게가 있음을 알 수 있다.

(㉡ , ㉢)

풀이 페트병 속 공기는 공간을 차지하고 있습니다. 따라서 페트병 속 공기의 부피만큼 물이 밀려 나와 수조 안 물의 높이가 높아지고, 탁구공이 수조 바닥으로 가라앉습니다.

05 다음은 페트병 입구에 공기 주입 마개를 끼우고, 공기 주입 마개를 누르는 횟수를 다르게 하여 페트병의 무게를 측정한 결과입니다. ㉠과 ㉡ 중 공기가 더 많이 들어 있는 것을 골라 기호를 써 봅시다.

㉠ 공기 주입 마개
페트병
49.4g

㉡
50.0g

(㉡)

풀이 공기는 무게가 있기 때문에 페트병에 공기가 많이 들어 있을수록 페트병의 무게가 무겁습니다.

06 다음 보기의 물질을 상태에 따라 분류하여 각각 기호를 써 봅시다.

보기

㉠ 책상 ㉡ 공기 ㉢ 의자 ㉣ 간장 ㉤ 식용유

(1) 고체	(2) 액체	(3) 기체
㉠, ㉢	㉣, ㉤	㉡

풀이 책상과 의자는 담는 용기가 바뀌어도 모양과 부피가 변하지 않는 고체입니다. 간장과 식용유는 담는 용기에 따라 모양은 변하지만 부피는 변하지 않는 액체입니다. 공기는 담는 용기에 따라 모양이 변하고, 담긴 용기를 가득 채우는 기체입니다.

07
사고
탐구

다음은 물을 모양이 다른 용기에 옮겨 담은 모습입니다. 처음에 사용한 용기에 다시 옮겨 담았을 때의 물의 높이를 처음 물의 높이와 비교하여 설명해 봅시다.

처음
물의 높이

예시 답안 물을 처음에 사용한 용기에 다시 옮겨 담았을 때 물의 높이는 처음 물의 높이와 같다.

풀이 액체는 담는 용기가 바뀌어도 부피가 변하지 않습니다. 따라서 물을 처음에 사용한 용기에 다시 옮겨 담았을 때 물의 높이는 처음과 같습니다.

채점 기준	
상	처음 물의 높이와 같다고 옳게 설명한 경우
중	'같다.'와 같이 간단하게 쓴 경우

08
탐구
의사
소통

오른쪽과 같이 아랫부분이 잘린 페트병의 입구에 비닐장갑을 묶고 입구를 집게로 막은 뒤, 페트병을 똑바로 세우고 수조 바닥까지 밀어 넣었습니다. 집게를 뺐을 때의 변화와 그러한 변화가 나타나는 까닭을 설명해 봅시다.

집게

아랫부분이
잘린 페트병

(1) 집게를 뺐을 때의 변화: **예시 답안** 비닐장갑이 부풀어 오른다.

(2) 까닭: **예시 답안** 페트병 속 공기가 비닐장갑 속으로 이동하였기 때문이다.

풀이 기체는 공간을 이동할 수 있으며 공간을 가득 채우는 성질이 있습니다. 따라서 집게를 빼면 페트병 속 공기가 비닐장갑 속으로 이동하여 비닐장갑을 가득 채우기 때문에 비닐장갑이 부풀어 오릅니다.

채점 기준	
상	집게를 뺐을 때의 변화와 그러한 변화가 나타나는 까닭을 옳게 설명한 경우
중	집게를 뺐을 때의 변화만 옳게 설명한 경우

그림으로 단원 정리하기

● 그림을 보고, 빈칸에 알맞은 내용을 써 봅시다.

01 고체 G 76 쪽

- 고체는 담는 용기가 바뀌어도 ❶ ⬚ 과/와 부피가 변하지 않는 물질의 상태입니다.
- 고체는 눈으로 볼 수 있고, 손으로 잡을 수 있습니다.

02 액체 G 78 쪽

- 액체는 담는 용기에 따라 모양은 변하지만 ❷ ⬚ 은/는 변하지 않는 물질의 상태입니다.
- 액체는 흐를 수 있고 눈으로 볼 수 있지만, 손으로 잡을 수 없습니다.

03 기체 G 86 쪽

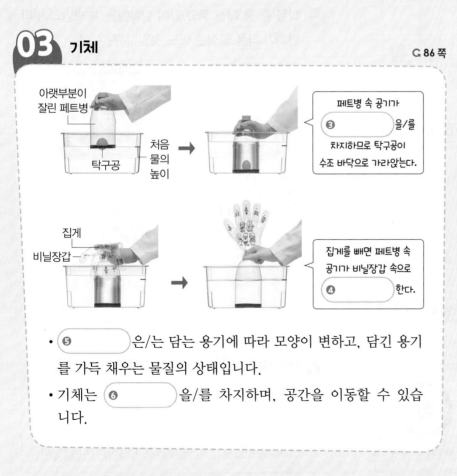

페트병 속 공기가 ❸ ⬚ 을/를 차지하므로 탁구공이 수조 바닥으로 가라앉는다.

집게를 빼면 페트병 속 공기가 비닐장갑 속으로 ❹ ⬚ 한다.

- ❺ ⬚ 은/는 담는 용기에 따라 모양이 변하고, 담긴 용기를 가득 채우는 물질의 상태입니다.
- 기체는 ❻ ⬚ 을/를 차지하며, 공간을 이동할 수 있습니다.

04 기체의 무게 G 90 쪽

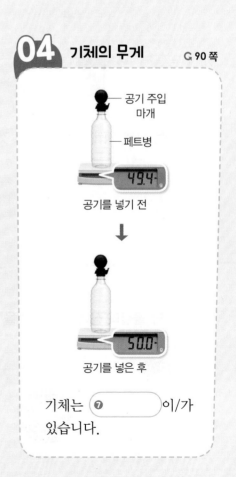

공기 주입 마개

페트병

49.4

공기를 넣기 전

50.0

공기를 넣은 후

기체는 ❼ ⬚ 이/가 있습니다.

답 ❶ 모양 ❷ 부피 ❸ 공간 ❹ 이동 ❺ 기체 ❻ 공간 ❼ 무게

01 오른쪽 플라스틱 막대의 성질로 옳지 <u>않은</u> 것은 어느 것입니까? ( )

플라스틱 막대

① 쌓을 수 있다.

② 눈으로 볼 수 있다.

③ 손으로 잡을 수 있다.

④ 담는 용기에 따라 모양이 변한다.

⑤ 담는 용기가 바뀌어도 부피가 변하지 않는다.

[02~03] 다음은 어떤 물질 (가)를 여러 가지 모양의 용기에 옮겨 담은 결과입니다. 물음에 답해 봅시다.

02 (가)는 고체, 액체, 기체 중 어느 것인지 써 봅시다.

( )

03 (가)와 물질의 상태가 같은 것을 보기에서 골라 기호를 써 봅시다.

보기

ㄱ 주스 ㄴ 시계 ㄷ 축구공 속 공기

( )

[04~05] 다음은 물을 여러 가지 모양의 용기에 옮겨 담으면서 모양과 부피 변화를 관찰한 것입니다. 물음에 답해 봅시다.

물

04 위 실험 결과에 대한 설명으로 옳은 것을 두 가지 골라 봅시다. (,)

① 물의 모양이 변한다.

② 물의 부피가 늘어난다.

③ 물의 부피가 줄어든다.

④ 물의 모양이 변하지 않는다.

⑤ 물의 부피가 변하지 않는다.

05 다음 중 물 대신 위와 같이 실험했을 때 모양과 부피 변화가 <u>다른</u> 물질은 어느 것입니까? ( )

① 우유 ② 간장 ③ 색연필 ④ 식용유

06 다음에서 설명하는 물질의 상태를 써 봅시다.

• 손으로 잡을 수 없다.

• 담는 용기에 따라 모양이 변한다.

• 담는 용기가 바뀌어도 부피가 변하지 않는다.

( )

→ 바른답·알찬풀이 26 쪽

07 다음 중 우리 주변에 공기가 있는 것을 알 수 있는 현상이 <u>아닌</u> 것은 어느 것입니까? ( )

① 깃발이 휘날린다.
② 바람개비가 돌아간다.
③ 바람에 머리카락이 휘날린다.
④ 부채를 이용하여 바람을 일으킨다.
⑤ 유리컵을 바닥에 떨어뜨리면 깨진다.

08 다음은 물 위에 탁구공을 띄운 뒤, 아랫부분이 잘린 페트병의 뚜껑을 닫고 페트병으로 탁구공을 덮어 수조 바닥까지 밀어 넣는 실험입니다. 이에 대한 설명으로 옳은 것을 보기 에서 골라 기호를 써 봅시다.

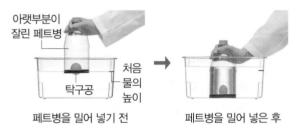

페트병을 밀어 넣기 전   페트병을 밀어 넣은 후

보기

㉠ 페트병 속 공기가 공간을 차지하고 있다.
㉡ 페트병을 밀어 넣으면 페트병 속으로 물이 들어온다.
㉢ 밀어 넣은 페트병의 뚜껑을 열어도 탁구공이 수조 바닥에 가라앉아 있다.

( )

09 다음은 기체의 성질에 대한 학생 (가)~(다)의 대화입니다. 옳게 말한 학생은 누구인지 써 봅시다.

• (가): 기체는 손으로 잡을 수 있어.
• (나): 기체는 공간을 이동할 수 있어.
• (다): 기체는 담는 용기가 바뀌어도 모양이 변하지 않아.

( )

10 다음 풍선과 공기 침대에 들어 있는 물질은 고체, 액체, 기체 중 어느 것인지 써 봅시다.

풍선   공기 침대

( )

11 다음은 공기 주입 마개를 끼운 페트병의 무게를 전자저울로 측정한 뒤, 공기 주입 마개를 여러 번 눌러 공기를 넣고 다시 페트병의 무게를 측정하였을 때의 결과입니다. 이 결과로 알 수 있는 사실을 보기 에서 골라 기호를 써 봅시다.

공기를 넣기 전의 무게   공기를 넣은 후의 무게

보기

㉠ 공기는 무게가 있다.
㉡ 공기는 공간을 차지하지 않는다.
㉢ 공기는 담는 용기에 따라 모양이 변한다.

( )

12 다음은 우리 주변의 물질을 물질의 상태에 따라 분류한 것입니다. 분류가 <u>잘못된</u> 물질을 써 봅시다.

고체	액체	기체
의자 고깔모자	딸기주스 접시	비눗방울 속 공기

( )

서술형 문제 ·······························

13 다음과 같이 플라스틱 막대를 다른 용기로 옮겨 담을 때 모양과 부피 변화를 설명해 봅시다.

플라스틱 막대

···

···

14 오른쪽 장난감 블록이 고체, 기체, 액체 중 어느 것인지 쓰고, 그 까닭을 설명해 봅시다.

장난감 블록

···

···

15 다음과 같이 주스를 다른 용기에 옮겨 담았다가 다시 처음에 사용한 용기에 담았습니다. 이를 통해 알 수 있는 액체의 성질을 설명해 봅시다.

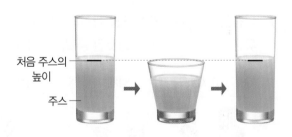

처음 주스의 높이

주스

···

···

[16~17] 다음은 공기의 성질을 알아보기 위한 실험입니다. 물음에 답해 봅시다.

(가)

비닐장갑

고무줄

집게

비닐장갑을 아랫부분이 잘린 페트병의 입구에 고무줄로 묶고, 입구를 집게로 막는다.

(나)

페트병을 똑바로 세우고 물이 담긴 수조의 바닥까지 밀어 넣는다.

16 (나)에서 페트병 속에 들어 있는 물질이 무엇인지 쓰고, 그렇게 생각한 까닭을 설명해 봅시다.

···

···

17 오른쪽은 (나)에서 집게를 뺐을 때의 결과입니다. 이러한 결과가 나타난 까닭을 설명해 봅시다.

···

···

18 다음과 같이 풍선에 공기를 넣었습니다. 공기를 넣기 전의 풍선과 공기를 넣은 후의 풍선 중 어느 것이 더 무거운지 쓰고, 그 까닭을 설명해 봅시다.

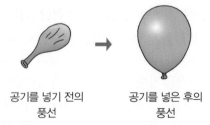

공기를 넣기 전의 풍선

공기를 넣은 후의 풍선

···

···

01 다음은 물 위에 탁구공을 띄운 뒤, 아랫부분이 잘린 페트병의 뚜껑을 닫고 페트병으로 탁구공을 덮어 수조 바닥까지 밀어 넣는 실험입니다.

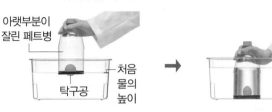

아랫부분이 잘린 페트병
탁구공
처음 물의 높이
페트병을 밀어 넣기 전

페트병을 밀어 넣은 후

(1) 다음은 위 실험의 결과를 설명한 것입니다. ( ) 안에 들어갈 알맞은 말에 각각 ○표 해 봅시다.

> • 탁구공이 ⑤ (수조 바닥으로 가라앉는다, 그대로 있다).
> • 수조 안 물의 높이가 ⓒ (낮아진다, 변하지 않는다, 높아진다).

(2) 위와 같은 결과가 나타난 까닭을 설명해 봅시다.

_____

성취 기준
기체가 공간을 차지하고 있음을 알아보는 실험을 할 수 있다.

출제 의도
실험 결과를 해석하고, 이를 통해 공기가 공간을 차지한다는 것을 설명할 수 있는지 확인하는 문제예요.

관련 개념
기체가 공간을 차지하고 있음을 알아보는 실험하기 G86쪽

3 단원

공부한 날

월

일

02 다음은 물질의 상태에 따른 성질을 설명한 것입니다.

물질의 상태	⑤	ⓒ	ⓒ
성질	담는 용기가 바뀌어도 모양과 부피가 변하지 않는다.	담는 용기에 따라 모양은 변하지만 부피는 변하지 않는다.	담는 용기에 따라 모양이 변하고, 담긴 용기를 가득 채운다.

(1) ⑤~ⓒ은 고체, 액체, 기체 중 어느 것인지 각각 써 봅시다.

⑤: ( ), ⓒ: ( ), ⓒ: ( )

(2) 다음의 여러 가지 물질이 위의 ⑤~ⓒ 중 어느 것에 속하는지 분류하여 설명해 봅시다.

풍선 속 공기　　접시　　우유　　선물 상자　　오렌지주스　　축구공 속 공기

_____

성취 기준
우리 주변의 물질을 고체, 액체, 기체로 분류할 수 있다.

출제 의도
물질의 상태에 따른 성질을 알고 있는지 확인하고, 물질을 상태에 따라 고체, 액체, 기체로 분류해 보는 문제예요.

관련 개념
우리 주변의 물질 분류하기 G92쪽

정답 확인

[01~02] 다음은 어떤 물질의 성질입니다. 물음에 답해 봅시다.

- 쌓을 수 있다.
- 손으로 잡을 수 있다.
- 담는 용기가 바뀌어도 모양이 변하지 않는다.

01 위 물질은 고체, 액체, 기체 중 어느 것인지 써 봅시다.

(   )

02 위 물질과 물질의 상태가 <u>다른</u> 것은 어느 것입니까?

(   )

① 시계

② 의자

③ 식용유

④ 색연필

03 오른쪽 나무 막대가 고체인 까닭으로 옳은 것은 어느 것입니까?

(   )

나무 막대

① 눈으로 볼 수 있기 때문에

② 손으로 잡을 수 없기 때문에

③ 담는 용기를 가득 채우기 때문에

④ 담는 용기가 바뀌어도 모양과 부피가 변하지 않기 때문에

⑤ 담는 용기가 바뀌면 모양이 변하지만 부피는 변하지 않기 때문에

04 다음은 물을 여러 가지 모양의 용기에 옮겨 담았을 때의 결과입니다. ( ) 안에 들어갈 알맞은 말에 각각 ○표 해 봅시다.

물 →

물을 여러 가지 모양의 용기에 옮겨 담으면 모양은 ㉠ (변하고, 변하지 않고), 부피는 ㉡ (변한다, 변하지 않는다).

05 오른쪽 주스에서 알 수 있는 액체의 성질로 옳은 것은 어느 것입니까? (   )

주스

① 무게가 없다.

② 쌓을 수 있다.

③ 흐를 수 있다.

④ 눈에 보이지 않는다.

⑤ 담는 용기가 바뀌어도 모양이 변하지 않는다.

06 오른쪽과 같이 부풀린 풍선의 입구를 쥐었다가 놓으면서 풍선 입구에 손을 가까이 가져갔을 때 알 수 있는 것을 보기 에서 골라 기호를 써 봅시다.

보기

㉠ 풍선의 크기가 변하지 않는다.

㉡ 풍선 속에 고체가 들어 있는 것을 알 수 있다.

㉢ 풍선 속 공기가 빠져나오는 것을 느낄 수 있다.

(   )

→ 바른답·알찬풀이 28 쪽

[07~08] 다음과 같이 아랫부분이 잘린 페트병의 뚜껑을 닫고 페트병으로 물 위에 띄운 탁구공을 덮어 수조 바닥까지 밀어 넣은 뒤, 페트병의 뚜껑을 열었습니다. 물음에 답해 봅시다.

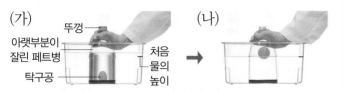

07 다음은 위 실험의 (가)에 대한 설명입니다. ( ) 안에 들어갈 알맞은 말을 **보기**에서 골라 각각 써 봅시다.

> 페트병 속 (㉠)이/가 (㉡)을/를 차지하고 있기 때문에 물을 밀어낸다. 따라서 탁구공이 수조 바닥으로 가라앉는다.

보기

> 물   공기   공간   모양

㉠: (   ), ㉡: (   )

08 (가)에서 페트병의 뚜껑을 열면 (나)와 같은 결과가 나타나는 까닭을 **보기**에서 골라 기호를 써 봅시다.

보기

> ㉠ 담는 용기가 바뀌어도 공기의 모양이 변하지 않기 때문에
> ㉡ 페트병 속 공기가 빠져나가고 물이 페트병 속으로 들어오기 때문에
> ㉢ 페트병 속 물이 빠져나가고 공기가 페트병 속으로 들어오기 때문에

(   )

09 다음 중 기체의 성질로 옳은 것을 두 가지 골라 봅시다. (,   )

① 단단하다.
② 손으로 잡을 수 있다.
③ 공간을 이동할 수 있다.
④ 담긴 용기를 가득 채운다.
⑤ 담는 용기가 바뀌어도 모양이 변하지 않는다.

[10~12] 다음은 우리 주변의 물질을 물질의 상태에 따라 고체, 액체, 기체로 분류하여 순서 없이 나타낸 것입니다. 물음에 답해 봅시다.

㉠	㉡	㉢
물, 탄산음료	책, 장난감 블록	풍선 속 공기, 축구공 속 공기

10 위 ㉠~㉢은 고체, 액체, 기체 중 어느 것인지 각각 써 봅시다.

㉠: (   ), ㉡: (   ), ㉢: (   )

11 위 ㉠~㉢의 성질로 옳은 것은 어느 것입니까? (   )

① ㉠은 눈으로 볼 수 없다.
② ㉠은 담는 용기에 따라 부피가 변한다.
③ ㉡은 담는 용기에 따라 모양이 변한다.
④ ㉢은 무게가 없다.
⑤ ㉢은 공간을 이동할 수 있다.

12 다음 물질이 위의 ㉠~㉢ 중 어느 것에 속하는지 각각 기호를 써 봅시다.

⑴ 모래: (   )
⑵ 식초: (   )
⑶ 튜브 속 공기: (   )

서술형 문제

13 오른쪽은 나무 막대를 친구에게 전달하는 모습입니다. 이와 같이 손으로 잡아서 전달할 수 있는 물질을 보기 에서 골라 쓰고, 그 까닭을 설명해 봅시다.

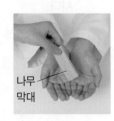

나무 막대

보기

물   공기   접시

....

....

14 다음은 식용유와 우유입니다. 두 물질의 공통점을 물질의 상태와 관련지어 두 가지 설명해 봅시다.

식용유   우유

....

....

15 오른쪽과 같이 공기 주입기를 이용하여 풍선에 공기를 집어넣는 것과 관련된 기체의 성질을 두 가지 설명해 봅시다.

풍선

공기 주입기

....

....

[16~17] 다음과 같이 공기 주입 마개를 끼운 페트병의 무게를 전자저울로 측정한 뒤, 페트병이 팽팽해질 때까지 공기 주입 마개를 여러 번 누르고 다시 페트병의 무게를 측정하였습니다. 물음에 답해 봅시다.

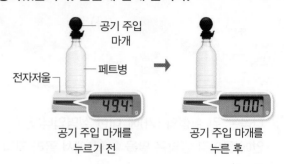

공기 주입 마개

전자저울 ──── 페트병

49.4 g   50.0 g

공기 주입 마개를 누르기 전   공기 주입 마개를 누른 후

16 위 실험에서 공기 주입 마개를 누르면 페트병이 팽팽해지는 까닭을 설명해 봅시다.

....

....

17 공기를 넣기 전의 무게와 공기를 넣은 후의 무게를 비교하여 >, =, < 중 ○ 안에 들어갈 알맞은 기호를 써넣고, 그 까닭을 설명해 봅시다.

• 무게 비교:

공기를 넣기 전의 무게	◯	공기를 넣은 후의 무게

• 까닭:

....

....

18 다음과 같이 물질을 분류하였습니다. 물질을 분류한 기준을 설명해 봅시다.

책상, 철 클립, 고무줄	식초, 꿀, 주스	풍선 속 공기, 바람 인형 속 공기

....

....

01 다음은 주스를 여러 가지 모양의 용기에 옮겨 담았을 때의 결과입니다.

처음 주스의 높이
주스

(가) (나) (다) (라)

(1) 다음은 위 결과를 통해 알 수 있는 액체의 성질입니다. ( ) 안에 들어갈 알맞은 말을 써넣어 봅시다.

> 주스와 같은 액체는 담는 용기에 따라 ( )이/가 변한다.

(2) 위 (라)의 주스를 (가)의 용기에 다시 옮겨 담으면 주스의 높이는 어떻게 될지 처음 주스의 높이와 비교하여 쓰고, 그 까닭을 설명해 봅시다.

_____

성취 기준
고체와 액체의 성질을 용기에 따른 모양과 부피 변화를 관찰하여 설명할 수 있다.

출제 의도
액체가 용기에 따라 모양은 변하지만 부피는 변하지 않는다는 것을 알고, 액체를 용기에 옮겨 담았을 때의 부피를 예상할 수 있는지 확인하는 문제예요.

관련 개념
액체의 모양과 부피 변화 관찰하기 **G 78 쪽**

3 단원

공부한날

월

일

02 다음과 같이 아랫부분이 잘린 페트병의 입구에 비닐장갑을 고무줄로 묶고 입구를 집게로 막은 후, 페트병을 물이 담긴 수조의 바닥까지 밀어 넣었다가 집게를 뺐더니 비닐장갑이 부풀어 올랐습니다.

비닐장갑
고무줄
집게

집게를 빼기 전 집게를 뺀 후

(1) 다음은 집게를 빼기 전과 후 비닐장갑의 모양이 달라진 까닭입니다. ( ) 안에 들어갈 알맞은 말을 각각 골라 봅시다.

> 페트병 속의 ㉠ (물, 공기)이/가 ㉡ (비닐장갑 속, 페트병 밖)으로 이동하였기 때문이다.

(2) 위 실험으로부터 알 수 있는 기체의 성질을 두 가지 설명해 봅시다.

_____

성취 기준
기체가 공간을 차지하고 있음을 알아보는 실험을 할 수 있다.

출제 의도
실험 결과로부터 기체가 공간을 차지하며 공간을 이동할 수 있다는 것을 설명할 수 있는지 확인하는 문제예요.

관련 개념
기체가 공간을 차지하고 있음을 알아보는 실험하기 **G 86 쪽**

4

소리의 성질

이 단원에서 무엇을 공부할지 알아보아요.

우리 주변에 있는 소리

학교에서 들을 수 있는 소리를 찾아 소리 지도를 만들어 봅시다.

✎ 우리 학교 소리 지도 만들기

❶ 소리를 녹음할 장소를 정하고, 정한 장소에서 나는 소리를 스마트 기기를 이용하여 녹음합니다.

❷ ❶에서 정한 장소의 모습을 도화지에 그리고, 녹음한 소리를 들을 수 있는 곳을 붙임딱지로 표시하여 소리 지도를 완성합니다.

❸ 모둠별로 앞에 나가 소리 지도를 보여 주고, 녹음한 소리를 들려줍니다.

❹ 나머지 모둠은 어디에서 나는 소리인지 알아맞혀 봅니다.

● 다른 모둠의 소리 지도로 어떤 소리를 들을 수 있는지 이야기해 봅시다.

예시 답안 교실에서 시곗바늘이 돌아가는 소리, 복도에서 문을 여닫는 소리, 도서관에서 책을 넘기는 소리, 음악실에서 악기 소리, 운동장에서 종소리 등을 들을 수 있다.

소리가 나는 물체

소리를 내는 생물

· 모기, 파리, 벌과 같은 곤충들이 날 때 날개가 빠르게 떨리면서 소리가 납니다.

· 귀뚜라미는 날개를 비벼 떨림을 만들어 소리를 냅니다.

소리가 나는 물체를 소리가 나지 않게 하는 방법

물체가 떨리면 소리가 나므로 물체를 떨리지 않게 하면 소리가 나지 않습니다.

❶ 소리를 내는 물체의 떨림 관찰하기 (탐구)

실험 동영상

1 목에 손을 대었을 때 손의 느낌

목소리를 내지 않을 때	목소리를 낼 때
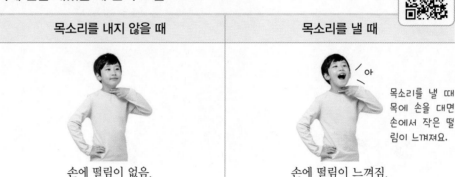	목소리를 낼 때 목에 손을 대면 손에서 작은 떨림이 느껴져요.
손에 떨림이 없음.	손에 떨림이 느껴짐.

2 ★스피커에 붙임쪽지를 붙였을 때 붙임쪽지의 모습

스피커에서 소리가 나지 않을 때	스피커에서 소리가 날 때
붙임쪽지 ─── ─── 스피커	
붙임쪽지가 가만히 있음.	붙임쪽지가 떨림.

3 소리가 나는 목과 스피커의 공통점: 소리가 날 때 떨립니다.

소리마다 떨림의 세기는 다르게 느껴져요.

❷ 물체에서 소리가 날 때의 특징

1 소리가 나는 여러 가지 물체

소리가 나는 기타	소리가 나는 종	소리가 나는 ★핸드 벨

기타 줄을 퉁길 때 기타 줄이 떨리면서 소리가 남.	종을 칠 때 종이 떨리면서 소리가 남.	핸드 벨을 흔들 때 핸드 벨이 떨리면서 소리가 남.

용어 사전

★ **스피커** 소리를 크게 하여 멀리까지 들리게 하는 기구

★ **핸드 벨** 크고 작은 종을 손으로 직접 흔들어 소리를 내는 악기

바른답·알찬풀이 30 쪽

스스로 확인해요 『과학』 85 쪽

1 물체에서 소리가 날 때 물체가 (떨립니다, 떨리지 않습니다).

2 (문제 해결) 소리가 나는 핸드 벨을 소리가 나지 않게 하려면 어떻게 해야 하는지 설명해 봅시다.

2 물체에서 소리가 날 때의 공통점

· 북을 치면 북의 가죽 부분이 떨리면서 소리가 나요.
· 장구를 치면 장구의 가죽 부분이 떨리면서 소리가 나요.
· 트라이앵글을 치면 트라이앵글이 떨리면서 소리가 나요.

물체에서 소리가 날 때 물체가 떨립니다.

학습한 내용을
확인해 보세요.

핵심 콕

① 목소리를 낼 때: 목에 손을 대면 손에 [ ][ ]이/가 느껴집니다.

② 종을 칠 때: 종이 떨리면서 [ ][ ]이/가 납니다.

③ 물체에서 소리가 날 때의 공통점: 물체가 [ ][ ][ ][ ].

4
단원

공부한 날

월

일

1 목에 손을 대었을 때 손의 느낌으로 옳은 것에 ○표, 옳지 <u>않은</u> 것에 ×표 해 봅시다.

(1) 목소리를 낼 때 손에 떨림이 느껴진다.　　　　　　　(　)

(2) 목소리를 내지 않을 때 손에 떨림이 없다.　　　　　　(　)

(3) 목소리를 내지 않을 때와 목소리를 낼 때 손을 대 보면 같은 느낌이 든다.

　　　　　　　　　　　　　　　　　　　　　　(　)

2 다음은 소리가 나지 않는 스피커와 소리가 나는 스피커에 붙임쪽지를 붙였을 때 나타나는 현상을 비교한 결과입니다. ㉠과 ㉡ 중 소리가 나는 스피커는 어느 것인지 골라 기호를 써 봅시다.

스피커	㉠	㉡
나타나는 현상	붙임쪽지가 떨림.	붙임쪽지가 가만히 있음.

(　　　　　　)

공부한 내용을

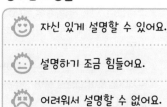

😊 자신 있게 설명할 수 있어요.

😐 설명하기 조금 힘들어요.

😞 어려워서 설명할 수 없어요.

3 다음은 기타 줄을 퉁길 때 소리가 나는 까닭입니다. ( ) 안에 들어갈 알맞은 말에 ○표 해 봅시다.

기타 줄을 퉁기면 기타 줄이 (떨리기, 떨리지 않기) 때문에 소리가 난다.

소리의 세기와 높낮이

소리의 세기를 조절하는 예

큰 소리를 내는 경우
• 멀리 있는 친구를 부를 때
• 음악 발표회에서 노래를 부를 때
• 운동회에서 우리 팀을 응원할 때

작은 소리를 내는 경우
• 피아노로 조용한 곡을 연주할 때
• 아기를 재우기 위해 자장가를 불러 줄 때
• '무궁화 꽃이 피었습니다' 놀이에서 술래에게 다가갈 때

빨대 팬파이프를 만드는 방법
① 플라스틱 빨대 여덟 개를 나란히 놓고 한쪽 끝을 맞춘 뒤 테이프로 붙이고, 반대쪽 끝부분을 1 cm 간격으로 자릅니다.

플라스틱 빨대
테이프

② 자른 부분의 플라스틱 빨대 끝에 스타이로폼 공을 하나씩 끼워 막습니다.

스타이로폼 공

용어 사전

★ **소리굽쇠** 'U' 자형 강철 막대의 구부러진 부분에 자루를 달아 만든 기구
★ **팬파이프** 길고 짧은 관을 길이 순서대로 묶어 입으로 불어 연주하는 악기

❶ 소리의 세기

1 소리의 세기: 소리의 크고 작은 정도

2 세기가 다른 소리 만들기

① 고무망치로 소리굽쇠를 세게 칠 때와 약하게 칠 때의 소리 비교하기

소리굽쇠를 세게 칠 때	소리굽쇠를 약하게 칠 때
소리굽쇠가 크게 떨려요. 큰 소리가 남.	소리굽쇠가 작게 떨려요. 작은 소리가 남.

② 소리의 세기에 따라 스타이로폼 공이 튀어 오르는 모습 비교하기

소리굽쇠에서 큰 소리가 날 때	소리굽쇠에서 작은 소리가 날 때
소리굽쇠 / 스타이로폼 공 / 스타이로폼 공이 높게 튀어 오름.	스타이로폼 공이 낮게 튀어 오름.

③ 스타이로폼 공이 튀어 오르는 모습이 다른 까닭: 소리굽쇠를 치는 세기에 따라 소리굽쇠가 떨리는 정도가 달라지기 때문입니다.

3 생활에서 소리의 세기를 조절하는 예

큰 소리를 내는 경우
수업 시간에 친구들 앞에서 발표할 때

작은 소리를 내는 경우
도서관에서 친구와 이야기할 때

❷ 소리의 높낮이

1 소리의 높낮이: 소리의 높고 낮은 정도

2 높낮이가 다른 소리 만들기 탐구

① 빨대 팬파이프로 높낮이가 다른 소리 만들기

빨대 팬파이프에서 높은 소리가 날 때
빨대의 길이가 짧음.

빨대 팬파이프에서 낮은 소리가 날 때
빨대의 길이가 긺.

짧은 빨대에서 긴 빨대 순서대로 빨대를 불면 점점 낮은 소리가 나요.

◀ 빨대 팬파이프

② 칼림바로 높낮이가 다른 소리 만들기

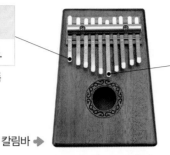

칼림바에서
높은 소리가 날 때

★음판의 길이가 짧음.

짧은 음판을 퉁길수록
높은 소리가 나요.

칼림바에서
낮은 소리가 날 때

음판의 길이가 긺.

긴 음판을 퉁길수록
낮은 소리가 나요.

칼림바 ➡

3 생활에서 높은 소리를 이용하는 예

↑ 긴급 자동차의 경보음

사람들에게 위급한 상황을 알릴 때
높은 소리를 이용해요.

↑ 수영장 안전 요원의 호루라기

창의융합 과학+공학 **음악을 연주하는 고속도로**

도로에 적당한 간격으로 홈을 파 놓으면 도로를 지나는 자동차에 일정한 떨림이 생겨 음악 소리를 들을 수 있습니다. 이때 홈 사이의 간격이 넓으면 낮은 소리가 나고, 홈 사이의 간격이 좁으면 높은 소리가 납니다. 또, 소리가 나는 시간은 홈을 설치한 길이에 따라 달라집니다.

활동 **높낮이가 다른 소리를 내는 악기 연주하기**

유리병에 넣는 물의 양을 조절하여 높낮이가 다른 소리를 내는 악기를 만들어 음악을 연주해 봅시다.
❶ 유리병에 넣는 물의 양을 조절하여 높낮이가 다른 소리를 내는 악기를 만듭니다.
❷ 실로폰 채로 유리병을 두드려 음악을 연주합니다.

실로폰 채

유리병

활동 결과 예시

• 물이 적게 담긴 유리병을 실로폰 채로 두드리면 높은 소리가 나고, 물이 많이 담긴 유리병을 실로폰 채로 두드리면 낮은 소리가 난다.
• 유리병에 담긴 물의 양을 조절하면서 높낮이가 다른 소리를 만든다.

빨대 팬파이프와 칼림바로 소리의 높낮이를 비교하는 방법

빨대 팬파이프의 빨대를 불거나 칼림바의 음판을 퉁길 때 힘의 강도를 최대한 비슷하게 하여 소리의 세기는 일정하게 하고 소리의 높낮이만 비교합니다.

높은 소리를 이용하는 예

• 불이 난 것을 알리는 화재경보기의 경보음
• 위급한 환자가 타고 있는 것을 알리는 구급차의 경보음

용어 사전

★ **칼림바** 금속으로 된 음판의 퉁김과 나무의 울림을 통해 소리를 내는 악기
★ **음판** 떨어서 소리를 내는 쇠붙이나 나무들의 조각

바른답·알찬풀이 30 쪽

스스로 확인해요 『과학』90 쪽

1 소리의 크고 작은 정도를 소리의 (   )(이)라 하고, 소리의 높고 낮은 정도를 소리의 (   )(이)라고 합니다.

2 (사고) 실로폰을 이용해 세기와 높낮이가 다른 소리를 만드는 방법을 설명해 봅시다.

문제로
개념 탄탄

학습한 내용을 확인해 보세요.

❶ 소리의 [ ][ ] : 소리의 크고 작은 정도입니다.

❷ 세기가 다른 소리 만들기: 물체가 크게 떨리면 [ ] 소리가 나고, 물체가 작게 떨리면 작은 소리가 납니다.

[1~2] 다음과 같이 고무망치로 소리굽쇠를 치는 세기를 다르게 했습니다. 물음에 답해 봅시다.

ㄱ

소리굽쇠를 세게 쳤을 때

ㄴ

소리굽쇠를 약하게 쳤을 때

1 위 ㄱ과 ㄴ 중 더 작은 소리가 나는 경우를 골라 기호를 써 봅시다.

(   )

2 위 ㄱ과 ㄴ의 소리굽쇠에 실에 매단 스타이로폼 공을 살짝 댔을 때 스타이로폼 공이 더 높게 튀어 오르는 경우를 골라 기호를 써 봅시다.

(   )

3 생활에서 소리의 세기를 조절하여 큰 소리를 내는 경우에는 '큰'을, 소리의 세기를 조절하여 작은 소리를 내는 경우에는 '작은'을 써 봅시다.

(1) 운동회에서 우리 팀을 응원할 때   (   )

(2) 피아노로 조용한 곡을 연주할 때   (   )

(3) 수업 시간에 친구들 앞에서 발표할 때   (   )

(4) 도서관에서 친구와 귓속말로 이야기할 때   (   )

③ 소리의 [ ] [ ] [ ] : 소리의 높고 낮은 정도입니다.

④ 빨대 팬파이프로 높낮이가 다른 소리 만들기: 빨대의 길이가 짧을수록

[ ] [ ] 소리가 나고, 빨대의 길이가 길수록 낮은 소리가 납니다.

⑤ 생활에서 [ ] [ ] 소리를 이용하는 예: 긴급 자동차의 경보음, 수영장

안전 요원의 호루라기 등이 있습니다.

4 오른쪽과 같은 빨대 팬파이프의 빨대 ㉠~㉢을 같은 힘으로 불 때 가장 낮은 소리가 나는 것을 골라 기호를 써 봅시다.

( )

5 칼림바를 퉁길 때 음판의 길이에 따라 나는 소리의 높낮이를 선으로 이어 봅시다.

(1) | 긴 음판을 퉁길 때 | •   • | ㉠ | 낮은 소리가 난다. |

(2) | 짧은 음판을 퉁길 때 | •   • | ㉡ | 높은 소리가 난다. |

6 다음 중 생활에서 높은 소리를 이용한 경우를 골라 기호를 써 봅시다.

㉠

긴급 자동차의 경보음

㉡

친구와 귓속말을 할 때

( )

공부한 내용을

 자신 있게 설명할 수 있어요.

 설명하기 조금 힘들어요.

 어려워서 설명할 수 없어요.

01 다음 중 목에 손을 대었을 때 손에 떨림이 느껴지는 경우를 골라 기호를 써 봅시다.

목소리를 낼 때   목소리를 내지 않을 때

(   )

중요
02 오른쪽과 같이 소리가 나는 스피커에 붙임쪽지를 붙였을 때 나타나는 현상으로 옳은 것은 어느 것입니까? (   )

붙임 쪽지

스피커

① 붙임쪽지가 떨린다.
② 스피커가 떨리지 않는다.
③ 붙임쪽지가 떨리지 않는다.
④ 붙임쪽지의 색깔이 변한다.
⑤ 스피커에서 나던 소리가 멈춘다.

03 다음 중 소리가 나는 스피커에서 나타나는 현상과 <u>다른</u> 현상이 나타나는 것은 어느 것입니까?

(   )

① 소리가 나는 종
② 말을 하고 있는 목
③ 연주하고 있는 기타
④ 소리가 나지 않는 트라이앵글
⑤ 날개를 비벼 소리를 내는 귀뚜라미

04 다음은 소리가 나는 핸드 벨을 손으로 세게 잡았을 때 나타나는 현상에 대한 학생 (가)~(다)의 대화입니다. 잘못 말한 학생은 누구인지 써 봅시다.

핸드 벨 소리가 점점 커져.   핸드 벨의 떨림이 멈췄어.   핸드 벨 소리가 나지 않아.

(가)   (나)   (다)

(   )

[05~06] 다음은 고무망치로 소리굽쇠를 세게 쳤을 때와 약하게 쳤을 때 소리굽쇠에 살짝 댄 스타이로폼 공이 튀어 오르는 모습입니다. 물음에 답해 봅시다.

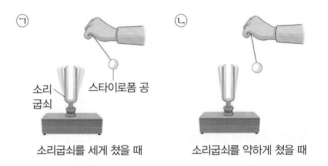

㉠   ㉡

소리굽쇠   스타이로폼 공

소리굽쇠를 세게 쳤을 때   소리굽쇠를 약하게 쳤을 때

05 위 ㉠, ㉡의 소리굽쇠에서는 어떤 소리가 나는지 **보기**에서 골라 각각 써 봅시다.

보기

큰 소리   작은 소리   높은 소리   낮은 소리

㉠: (   ), ㉡: (   )

서술형
06 위 ㉠, ㉡의 소리굽쇠에 살짝 댄 스타이로폼 공이 튀어 오르는 모습이 다른 까닭을 설명해 봅시다.

....

....

중요
07 다음 중 소리의 크고 작은 정도에 대한 설명으로 옳은 것을 두 가지 골라 봅시다.

(,   )

① 소리의 세기라고 한다.

② 소리의 높낮이라고 한다.

③ 물체가 작게 떨리면 큰 소리가 난다.

④ 물체가 크게 떨리면 작은 소리가 난다.

⑤ 소리굽쇠를 고무망치로 세게 치면 큰 소리가 난다.

08 다음 중 작은 소리를 내는 경우는 어느 것입니까?

(   )

①

수업 시간에 친구들 앞에서 발표할 때

②

도서관에서 친구와 귓속말로 이야기할 때

③

멀리 있는 친구를 부를 때

④

운동회에서 우리 팀을 응원할 때

09 소리의 높낮이가 달라지는 경우를 **보기** 에서 두 가지 골라 기호를 써 봅시다.

보기

㉠ 소리굽쇠를 세게 치다가 약하게 쳤을 때

㉡ 칼림바의 길이가 다른 음판을 퉁겼을 때

㉢ 빨대 팬파이프의 길이가 다른 빨대를 불었을 때

(,   )

중요
10 오른쪽과 같은 칼림바의 음판 ㉠~㉢을 같은 힘으로 퉁겼을 때 높은 소리가 나는 것부터 순서대로 기호를 써 봅시다.

(,   ,   )

서술형
11 오른쪽과 같은 빨대 팬파이프의 빨대를 화살표 방향을 따라 같은 힘으로 불었을 때 소리가 어떻게 달라지는지 설명해 봅시다.

_____

_____

12 다음 중 위급한 상황을 알리기 위해 높은 소리를 이용한 경우가 <u>아닌</u> 것은 어느 것입니까?

(   )

①

긴급 자동차의 경보음

②

화재경보기의 경보음

③

수영장 안전 요원이 부는 호루라기 소리

④

피아노 연주회의 피아노 소리

4
단원

공부한 날

월

일

소리의 전달

실험 관찰

물질의 상태에 따른 소리의 전달

고체

• 실 전화기를 이용하면 실을 통해 멀리 떨어진 친구에게 소리가 전달됩니다.

• 땅에 귀를 대고 있으면 땅을 통해 소리가 전달됩니다.

액체

• 먼 곳에서 오는 배의 소리가 바닷물을 통해 바닷속에 있는 잠수부에게 전달됩니다.

• 물속에서 돌고래가 소리를 내면 물을 통해 소리가 전달되어 의사소통을 합니다.

기체

• 멀리 있는 친구가 부르는 소리가 공기를 통해 전달됩니다.

❶ 여러 가지 물체를 통해 소리 전달하기 탐구

실험 동영상

책상을 두드린 소리	물 밖과 물속에 있는 스피커의 소리
 책상	긴 플라스틱 관 물 밖 스피커　물속 스피커 
책상을 두드린 소리는 책상을 통해 전달됨.	• 물 밖 스피커의 소리는 공기를 통해 전달됨. • 물속 스피커의 소리는 물과 플라스틱 관, 관 속의 공기를 통해 전달됨.

책상에 귀를 대고 있는 사람은 작은 소리도 크게 들리므로 책상을 두드릴 때 세게 두드리지 않아요.

> 소리를 전달하는 실험을 할 때 반대쪽 귀는 손으로 막아 다른 물질을 통한 소리의 전달을 차단해요.

❷ 소리의 전달

1 소리를 전달하는 물질

① 소리는 고체, 액체, 기체 상태의 물질을 통해 전달됩니다.

② 소리는 나무, 실, 철과 같은 고체, 물과 같은 액체를 통해서도 전달됩니다.

철봉(고체)

수중 스피커

공기(기체)
물(액체)

▲ 철을 통한 소리의 전달　　▲ 물을 통한 소리의 전달　　▲ 공기를 통한 소리의 전달

③ 우리가 듣는 대부분의 소리는 기체인 공기를 통해 전달됩니다.

물체가 떨림.	→	주변의 공기가 떨림.	→	우리 귀에 소리가 전달됨.

용어 사전

★ **전달** 신호, 자극 등을 다른 사람이나 기관에 전하여 이르게 함.

바른답·알찬풀이 32쪽

스스로 확인해요 『과학』 95쪽

1 소리는 (　　　), 액체, 기체 상태의 물질을 통해 전달됩니다.

2 의사소통 인디언들은 땅에 귀를 대고 멀리서 말이 달려오는 소리를 들었습니다. 이때 소리는 어떻게 전달되는지 친구들과 함께 이야기해 봅시다.

2 실 전화기로 소리 전달하기 활동

실 전화기는 실의 떨림으로 소리가 전달돼요.

누름 못
종이컵

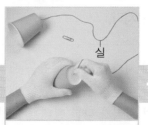
실

클립

종이컵 바닥에 누름 못으로 구멍을 뚫음. → 종이컵의 구멍에 실을 끼워 넣음. → 실의 양쪽 끝에 각각 클립을 묶어 고정함.

→ 실 전화기에서는 종이컵과 연결된 실을 통해 소리가 전달됩니다.

개념 탄탄

학습한 내용을
확인해 보세요.

핵심 콕

① **소리를 전달하는 물질:** 소리는 고체, ☐ ☐ , 기체 상태의 물질을 통해 전달됩니다.

② 우리가 듣는 대부분의 소리는 기체인 ☐ ☐ 을/를 통해 전달됩니다.

1 오른쪽과 같이 책상에 귀를 대고 책상을 두드리는 소리를 들었습니다. 이때 소리를 전달하는 것은 무엇인지 써 봅시다.

책상

( )

2 다음과 같이 소리가 나는 방수 스피커를 물이 담긴 사각 수조에 넣고, 긴 플라스틱 관을 스피커에 가까이 하여 소리를 들었습니다. 이때 소리를 전달하는 것이 <u>아닌</u> 것에 ○표 해 봅시다.

긴 플라스틱 관
방수 스피커

| 물 | 손 | 플라스틱 관 | 관 속의 공기 |

3 다음은 고체, 액체, 기체 중 어떤 물질의 상태를 통해 소리가 전달되는 예인지 써 봅시다.

철봉에 귀를 대고 반대편에 있는 철봉을 약하게 두드리면 소리가 들린다.

( )

공부한 내용을

 자신 있게 설명할 수 있어요.

 설명하기 조금 힘들어요.

 어려워서 설명할 수 없어요.

2 소리의 반사

실험 관찰

생활에서 소리의 반사를 경험한 예

• 목욕탕에서 소리를 내면 소리가 딱딱한 벽에서 반사되어 울립니다.

• 동굴에서 소리를 내면 동굴 벽에서 소리가 반사되어 울립니다.

❶ 소리의 반사

1 소리의 반사: 소리가 나아가다가 물체에 부딪쳐 되돌아오는 성질

2 소리가 물체에 부딪쳤을 때 나타나는 현상 관찰하기 탐구

실험 동영상

탐구 과정

❶ 스타이로폼 판을 가운데 세우고 긴 휴지 심 두 개를 양쪽에 비스듬하게 놓은 뒤 한쪽 휴지 심 안에 이어폰을 넣습니다.

❷ 스마트 기기로 이어폰에서 소리가 나게 한 뒤 이어폰을 넣지 않은 다른 쪽 휴지 심에 귀를 대고 소리를 들어 봅니다.

❸ 두 휴지 심이 만나는 곳에 나무판, 스타이로폼 판, 스펀지 판을 각각 세워 놓은 뒤 소리를 들어 봅니다.   휴지 심에 귀를 대지 않은 반대쪽 귀는 손으로 막고 소리를 들어요.

나무판을 놓았을 때	스타이로폼 판을 놓았을 때	스펀지 판을 놓았을 때
나무판 / 이어폰 / 휴지 심	스타이로폼 판	스펀지 판

탐구 결과

❶ 아무것도 놓지 않았을 때보다 나무판을 세워 놓았을 때 소리가 더 잘 들립니다.
→ 나무판을 세워 놓으면 소리가 나아가다가 나무판에 부딪쳐 반사됩니다.

❷ 두 휴지 심이 만나는 곳에 세워 놓은 판의 종류에 따른 소리의 세기 비교하기

나무판을 놓았을 때	>	스타이로폼 판을 놓았을 때	>	스펀지 판을 놓았을 때

→ 소리는 스펀지 판처럼 푹신한 물체보다 나무판처럼 딱딱한 물체에서 더 잘 반사됩니다.

물체의 종류에 따라 소리를 반사하는 정도가 달라요.

용어 사전

★ **메아리** 울려 퍼져 가던 소리가 산이나 절벽 같은 데에 부딪쳐 되울려오는 소리

바른답·알찬풀이 33 쪽

스스로 **확인해요**   『과학』 97 쪽

1 소리가 나아가다가 물체에 부딪쳐 되돌아오는 성질을 소리의 (   )(이)라고 합니다.

2 (사고) 눈이 오지 않은 새벽보다 눈이 많이 쌓인 새벽에 주위가 조용하게 느껴지는 까닭은 무엇인지 설명해 봅시다.

❷ 소리의 반사를 경험한 예

공연장에 설치된 반사판에서 소리가 반사되어 공연장 전체에 골고루 전달됨.	텅 빈 체육관에서 소리를 내면 소리가 딱딱한 벽에서 반사되어 울림.	암벽으로 된 산에서 소리를 내면 소리가 반사되어 메아리가 들림.

학습한 내용을
확인해 보세요.

핵심 콕

① 소리의 [ ][ ] : 소리가 나아가다가 물체에 부딪쳐 되돌아오는 성질입니다.

② 소리는 스펀지 판처럼 푹신한 물체보다 나무판처럼 [ ][ ][ ] 물체에서 더 잘 반사됩니다.

1 다음과 같이 소리가 나는 이어폰을 한쪽 휴지 심 안에 넣고 다른 쪽 휴지 심에서 소리를 들었습니다. 두 휴지 심이 만나는 곳에 아무것도 놓지 않았을 때와 나무판을 세워 놓았을 때 들리는 소리의 세기를 비교하여 >, =, < 중 ○ 안에 들어갈 알맞은 기호를 써 봅시다.

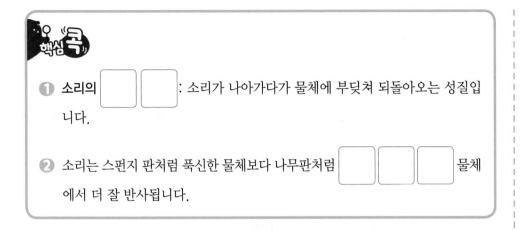

아무것도 놓지 않았을 때   나무판을 세워 놓았을 때

2 위 **1**번에서 두 휴지 심이 만나는 곳에 나무판, 스타이로폼 판, 스펀지 판을 각각 세워 놓았을 때 소리가 가장 크게 들리는 판을 골라 써 봅시다.

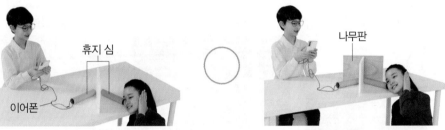

나무판   스타이로폼 판   스펀지 판

(   )

3 다음은 공연장 전체에 소리가 전달되는 방법입니다. (   ) 안에 공통으로 들어갈 알맞은 말을 써 봅시다.

공연장에 설치된 (   )판에서 소리가 (   )되어 공연장 전체에 골고루 전달된다.

(   )

공부한 내용을

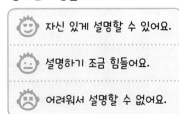

😊 자신 있게 설명할 수 있어요.

😐 설명하기 조금 힘들어요.

☹ 어려워서 설명할 수 없어요.

4
단원

공부한 날

월

일

우리 주변의 소음

실험 관찰

① 우리 주변의 소음

1 소음: 사람의 기분을 좋지 않게 하거나 건강을 해칠 수 있는 시끄러운 소리

2 일상생활에서 소음을 줄이는 방법 토의하기 탐구

장소	소음을 줄이는 방법	소음을 줄이는 데 이용한 소리의 성질
공사장	소음이 적은 기계를 사용함.	소리의 세기를 줄임.
도로의 가게	확성기의 소리를 줄임.	소리의 세기를 줄임.
공항	공항을 멀리 지음.	소리의 전달을 막음.
피아노 학원	벽에 소리가 잘 전달되지 않는 물질을 붙임.	소리의 전달을 막음.
자동차 도로	★방음벽을 설치함.	소리의 반사를 이용함.

우리 주변에서 발생하는 소음

- 도로에서 자동차의 경적 소리가 들립니다.
- 줄넘기 학원에서 쿵쿵 뛰는 소리가 들립니다.
- 공사장에서 시끄러운 기계 소리가 들립니다.

음악 소리도 크게 울리면 사람에게 불쾌감을 줄 수 있으며, 같은 소리라도 듣는 사람에 따라 소음으로 느낄 수 있어요.

소음을 줄이는 방법

- 이중창 설치: 건물에 이중창을 설치하면 공기를 통한 소리의 전달을 막고, 소리를 건물 내부로 들어오지 못하게 반사할 수 있습니다.
- 두꺼운 커튼 설치: 건물 안에 두꺼운 커튼을 설치하면 공기를 통한 소리의 전달을 막거나 소리를 반사할 수 있습니다.

② 소음을 줄이는 방법

녹음실의 방음벽은 주로 표면이 거친 물질이나 작은 구멍이 많은 물질을 사용해요.

소리의 세기 조절	녹음실의 방음벽	도로의 방음벽
스피커의 소리가 소음으로 느껴지면 소리의 세기를 조절함.	방음벽을 설치해 소리가 잘 전달되지 않게 함.	방음벽을 설치해 도로에서 생기는 소리를 반사함.

→ 소리의 세기를 줄이거나 소리가 잘 전달되지 않도록 하면 소음을 줄일 수 있습니다. 또, 소리가 반사하는 성질을 이용해 소음을 줄일 수 있습니다.

창의융합 과학+기술 함께 해결하는 층간 소음 문제

공동 주택에서는 다양한 층간 소음이 발생합니다. 공동 주택은 함께 사는 공간인 만큼 층간 소음을 줄이기 위해 모두가 노력해야 합니다.

 활동 **층간 소음을 줄이기 위한 생활 수칙 만들기**

공동 주택에서 층간 소음을 줄이기 위한 생활 수칙을 만들어 실천해 봅시다.

활동 결과 예시

- 늦은 밤에는 악기를 연주하지 않는다.
- 의자를 끄는 소리나 발소리가 이웃집에 전달되지 않도록 카펫을 깔거나 실내화를 신는다.

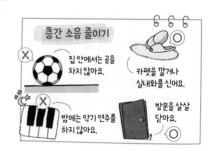

층간 소음 줄이기
- 집 안에서는 공을 차지 않아요. ✕
- 밤에는 악기 연주를 하지 않아요. ✕
- 카펫을 깔거나 실내화를 신어요. ○
- 방문을 살살 닫아요. ○

용어 사전

★**방음벽** 한쪽의 소리가 다른 쪽으로 새어 나가거나 새어 들어오는 것을 막기 위해 설치한 벽

바른답·알찬풀이 33 쪽

 스스로 **확인해요**

『과학』100 쪽

1 ( )은/는 사람의 기분을 좋지 않게 하거나 건강을 해칠 수 있는 시끄러운 소리입니다.

2 의사소통 우리 주변에서 발생하는 소음을 줄이기 위해 노력했던 경험을 친구들과 이야기해 봅시다.

학습한 내용을
확인해 보세요.

핵심 콕

❶ ⬚⬚ : 사람의 기분을 좋지 않게 하거나 건강을 해칠 수 있는 시끄러운 소리입니다.

❷ **소음을 줄이는 방법**: 소리의 세기를 줄이거나, 소리가 잘 전달되지 않게 하거나, 소리가 ⬚⬚ 하는 성질을 이용합니다.

4 단원

공부한 날

월

일

1 다음은 소음에 대한 설명입니다. ( ) 안에 들어갈 알맞은 말에 ○표 해 봅시다.

> 사람의 기분을 좋지 않게 하거나 건강을 해칠 수 있는 (조용한, 시끄러운) 소리이다.

2 일상생활에서 소음을 줄이는 방법으로 옳은 것에 ○표, 옳지 않은 것에 ×표 해 봅시다.

⑴ 공항은 도시와 가까운 곳에 짓는다. ( )
⑵ 공사장에서는 소음이 적은 기계를 사용한다. ( )
⑶ 도로의 가게에서 사용하는 확성기의 소리를 줄인다. ( )
⑷ 피아노 학원의 벽에는 소리가 잘 전달되는 물질을 붙인다. ( )

3 다음과 같은 소음을 줄이는 방법에 주로 이용한 소리의 성질을 선으로 이어 봅시다.

⑴ | 녹음실 벽에 소리가 잘 전달 되지 않는 물질을 붙인다. | · · ㉠ | 소리의 반사를 이용한다.

⑵ | 자동차 도로 주변에 방음벽을 설치한다. | · · ㉡ | 소리의 전달을 막는다.

공부한 내용을

😊 자신 있게 설명할 수 있어요.

😐 설명하기 조금 힘들어요.

😟 어려워서 설명할 수 없어요.

정답 확인

문제로
실력 쑥쑥

중요
01 다음과 같이 책상에 귀를 대고 책상을 두드리는 소리를 들을 때에 대한 설명으로 옳은 것을 보기 에서 골라 기호를 써 봅시다.

책상

보기

㉠ 책상을 두드린 소리는 책상을 통해 전달된다.

㉡ 소리는 고체 상태의 물질을 통해 전달되지 않는다.

㉢ 책상에 귀를 댄 사람에게는 아무 소리도 들리지 않는다.

(   )

중요
02 다음과 같이 소리가 나는 방수 스피커를 물이 담긴 사각 수조에 넣고, 긴 플라스틱 관을 스피커에 가까이 했습니다. 이 실험에 대한 설명으로 옳지 <u>않은</u> 것을 두 가지 골라 봅시다. (,   )

긴 플라스틱 관
방수 스피커

① 소리가 물을 통해 전달된다.

② 소리가 플라스틱 관을 통해 전달된다.

③ 플라스틱 관에서 아무 소리도 들리지 않는다.

④ 소리가 플라스틱 관 속 공기를 통해 전달된다.

⑤ 실험을 통해 소리는 물을 통해서만 전달되는 것을 알 수 있다.

03 다음은 우리가 듣는 대부분의 소리가 전달되는 과정입니다. ( ) 안에 들어갈 알맞은 말을 써 봅시다.

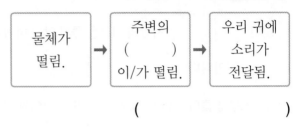

물체가 떨림. → 주변의 ( ) 이/가 떨림. → 우리 귀에 소리가 전달됨.

(   )

04 다음은 어떤 물질의 상태를 통해 소리가 전달되는 것인지 각각 써 봅시다.

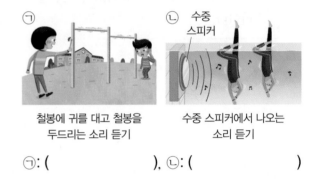

㉠   ㉡ 수중 스피커

철봉에 귀를 대고 철봉을 두드리는 소리 듣기   수중 스피커에서 나오는 소리 듣기

㉠: (   ), ㉡: (   )

05 다음은 실 전화기에 대한 설명입니다. ( ) 안에 들어갈 알맞은 말을 써 봅시다.

종이컵
실

실 전화기로 멀리 있는 친구에게 소리를 전달할 수 있다. 이때 소리는 ( )의 떨림으로 전달된다.

(   )

→ 바른답·알찬풀이 33 쪽

[06~07] 다음과 같이 소리가 나는 이어폰을 한쪽 휴지 심 안에 넣고 다른 쪽 휴지 심에서 소리를 들었습니다. 물음에 답해 봅시다.

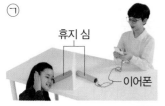
㉠ 휴지 심 / 이어폰

㉡ 스펀지 판

㉢ 나무판

06 위 ㉠~㉢에서 들리는 소리의 세기를 비교하여 >, =, < 중 ○ 안에 들어갈 알맞은 기호를 써 봅시다.

㉠ ○ ㉡ ○ ㉢

중요
07 다음은 위 실험 결과를 통해 알 수 있는 사실에 대한 학생 (가)~(다)의 대화입니다. 잘못 말한 학생은 누구인지 써 봅시다.

물체가 푹신할수록 소리가 더 잘 반사돼. (가)
소리가 나아가다가 물체를 만나면 반사돼. (나)
물체의 종류에 따라 소리가 반사되는 정도가 달라. (다)

(   )

서술형
08 텅 빈 체육관에서 소리를 내면 소리가 울리는 까닭을 설명해 봅시다.

09 다음 중 소음으로 보기 어려운 것은 어느 것입니까?
(   )

① 공사장에서 나는 기계 소리
② 공항에서 들리는 비행기 소리
③ 공연장에서 피아노를 연주하는 소리
④ 줄넘기 학원에서 학생들이 뛰는 소리
⑤ 도로에서 자동차가 빨리 달리는 소리

중요
10 소음을 줄이는 방법으로 옳지 않은 것을 보기에서 골라 기호를 써 봅시다.

보기
㉠ 소리의 세기를 줄인다.
㉡ 소리가 반사하는 성질을 이용한다.
㉢ 소리가 잘 전달되는 물질을 이용한다.

(   )

서술형
11 다음과 같은 도로에서 자동차 소리로 인해 생기는 소음을 줄이는 방법을 소음을 줄이는 데 이용한 소리의 성질과 관련지어 설명해 봅시다.

교과서 쏙쏙

 놀이로 **정리해요** 친구들과 놀이를 하면서 이 단원의 학습 내용을 정리해 봅시다.

놀이 방법

준비물 ●● 🎲 주사위, ♟ 놀이용 말, ✏ 필기도구

① 가위바위보로 순서를 정한 후, 주사위를 던져 나온 수만큼 움직입니다.

② 해당 칸의 질문에 정확히 답하면 그 자리에 머물고, 답하지 못하거나 그림만 있는 칸이면 이전의 자리로 돌아갑니다.

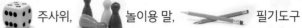

답안 길잡이 ❶ 기타 소리, 종소리 등 ❷ 소리굽쇠를 고무망치로 세게 치면 소리굽쇠가 크게 떨리면서 큰 소리가 난다. ❸ 빨대 팬파이프에서 가장 짧은 빨대를 불면 높은 소리가 난다. ❹ 철, 물, 공기 등 ❺ ○ ❻ 소리는 나무판처럼 딱딱한 물체에서 잘 반사된다. ❼ 자동차 소리, 비행기 소리 등 ❽ 도로에 방음벽을 설치한다.

개념을 정리해요 빈칸을 연필로 칠하면서 학습한 개념을 정리해 봅시다.

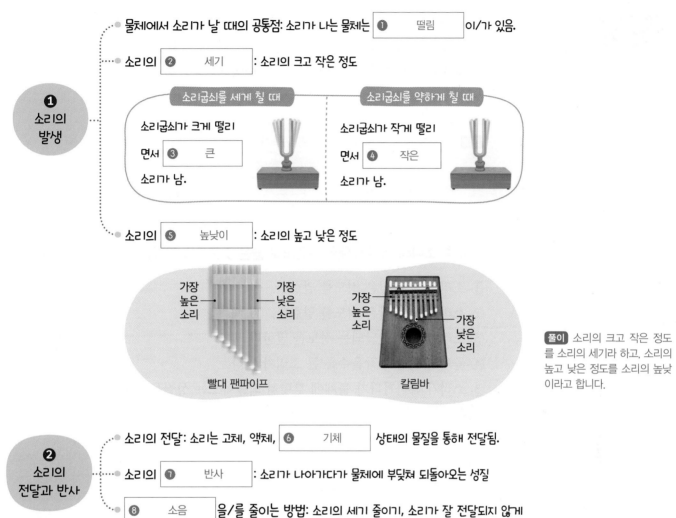

● 물체에서 소리가 날 때의 공통점: 소리가 나는 물체는 ❶ **떨림** 이/가 있음.

● 소리의 ❷ **세기** : 소리의 크고 작은 정도

❶ 소리의 발생

소리굽쇠를 세게 칠 때
소리굽쇠가 크게 떨리면서 ❸ **큰** 소리가 남.

소리굽쇠를 약하게 칠 때
소리굽쇠가 작게 떨리면서 ❹ **작은** 소리가 남.

● 소리의 ❺ **높낮이** : 소리의 높고 낮은 정도

가장 높은 소리 — 가장 낮은 소리
빨대 팬파이프

가장 높은 소리 — 가장 낮은 소리
칼림바

풀이 소리의 크고 작은 정도를 소리의 세기라 하고, 소리의 높고 낮은 정도를 소리의 높낮이라고 합니다.

❷ 소리의 전달과 반사

● 소리의 전달: 소리는 고체, 액체, ❻ **기체** 상태의 물질을 통해 전달됨.

● 소리의 ❼ **반사** : 소리가 나아가다가 물체에 부딪쳐 되돌아오는 성질

● ❽ **소음** 을/를 줄이는 방법: 소리의 세기 줄이기, 소리가 잘 전달되지 않게 하기, 소리가 반사하는 성질 이용하기

소리의 세기 조절 　　　 녹음실의 방음벽 　　　 도로의 방음벽

풀이 소리는 고체, 액체, 기체 상태의 물질을 통해 전달됩니다. 또, 소리가 나아가다가 물체에 부딪쳐 되돌아오는 성질을 소리의 반사라고 합니다.

창의적으로 생각해요 　　　 『과학』 104쪽

효과음 작가가 된다면 표현하고 싶은 소리를 어떤 방법으로 만들어 내고 싶은지 이야기해 봅시다.

예시 답안 • 밀가루 반죽하는 소리를 슬라임을 이용해 만들고 싶다.
• 고기 굽는 소리를 비닐을 이용해 만들고 싶다.

공부한 날

월

일

문제로 **달기**

01 떨림이 느껴지지 않는 물체를 보기 에서 골라 기호를 써 봅시다.

보기

㉠ 소리가 나는 종   ㉡ 연주하고 있는 기타

㉢ 소리가 나지 않는 스피커   ㉣ 말을 하고 있는 사람의 목

(㉢)

풀이 소리가 나는 물체는 떨리기 때문에 떨림이 느껴지지 않는 물체는 소리가 나지 않는 물체입니다.

02 다음 중 소리의 세기에 대한 설명으로 옳은 것은 어느 것입니까? (②)

① 소리의 높고 낮은 정도를 말한다.

② 소리의 크고 작은 정도를 말한다.

③ 소리가 멀리 전달되는 정도를 말한다.

④ 물체의 떨림이 작을수록 큰 소리가 난다.

⑤ 소리가 나아가다가 물체에 부딪쳐 되돌아오는 성질을 말한다.

풀이 소리의 크고 작은 정도를 소리의 세기라고 합니다. 소리의 높고 낮은 정도는 소리의 높낮이라고 합니다. 소리가 나아가다가 물체에 부딪쳐 되돌아오는 성질은 소리의 반사라고 합니다.

03 다음 ( ) 안에 들어갈 알맞은 말을 써 봅시다.

실로폰의 음판을 같은 힘으로 치면 ㉠ 음판을 칠 때가 ㉡ 음판을 칠 때보다
( ) 소리가 난다.

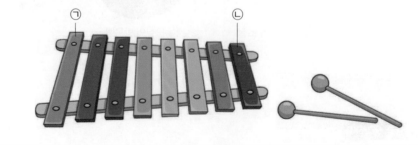

(낮은)

풀이 실로폰 음판의 길이가 짧을수록 높은 소리가 나고, 실로폰 음판의 길이가 길수록 낮은 소리가 납니다. 따라서 음판의 길이가 긴 ㉠을 칠 때가 음판의 길이가 짧은 ㉡을 칠 때보다 낮은 소리가 납니다.

04 다음 중 소리를 전달하는 물질의 상태가 나머지와 <u>다른</u> 것을 골라 기호를 써 봅시다.

㉠	㉡	㉢
친구를 부를 때	배의 소리를 들을 때	종소리를 들을 때

(㉡   )

풀이 친구를 부를 때와 종소리를 들을 때에는 소리가 기체인 공기를 통해 전달됩니다. 물속에서 잠수부가 배의 소리를 들을 때에는 소리가 액체인 물을 통해 전달됩니다.

05 다음과 같이 두 휴지 심이 만나는 곳에 스타이로폼 판, 나무판, 스펀지 판을 세워 놓은 뒤 각각 소리를 들어 보았습니다. 각 상황에서 들리는 소리의 세기를 비교했을 때 소리가 가장 크게 들리는 경우부터 순서대로 기호를 써 봅시다.

㉠ 스타이로폼 판	㉡ 나무판	㉢ 스펀지 판
스타이로폼 판을 세워 놓았을 때	나무판을 세워 놓았을 때	스펀지 판을 세워 놓았을 때

(㉡   ) > (㉠   ) > (㉢   )

풀이 이어폰의 소리는 휴지 심을 통해 나아가다가 두 휴지 심이 만나는 곳에 세워 놓은 물체를 만나면 반사됩니다. 소리는 나무판처럼 딱딱한 물체에서 더 잘 반사되어 가장 크게 들리고, 스펀지 판처럼 푹신한 물체에서 잘 반사되지 않아 가장 작게 들립니다.

06 소음을 줄이는 방법으로 옳은 것을 **보기** 에서 두 가지 골라 기호를 써 봅시다.

> **보기**
>
> ㉠ 확성기를 사용한다.
> ㉡ 도로에 방음벽을 설치한다.
> ㉢ 공동 주택은 바닥에 카펫을 깔거나 실내화를 신는다.

(㉡   ,   ㉢   )

풀이 도로에 방음벽을 설치하면 도로에서 생기는 소리를 반사하여 소음을 줄일 수 있습니다. 또, 바닥에 카펫을 깔거나 실내화를 신으면 소리의 전달을 줄여 소음을 줄일 수 있습니다.

07 다음과 같이 고무망치로 세게 친 소리굽쇠와 약하게 친 소리굽쇠에 각각 실에 매단 스타이로폼 공을 가져가 살짝 대었을 때 스타이로폼 공의 모습을 설명해 봅시다.

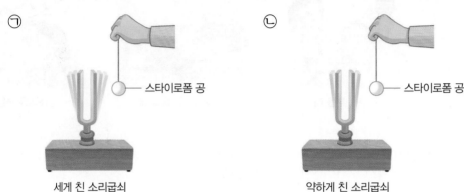

세게 친 소리굽쇠

약하게 친 소리굽쇠

예시 답안 스타이로폼 공이 높게 튀어 오른다.　　　　**예시 답안** 스타이로폼 공이 낮게 튀어 오른다.

풀이 소리굽쇠를 세게 치면 크게 떨리며 스타이로폼 공이 높게 튀어 오릅니다. 소리굽쇠를 약하게 치면 작게 떨리며 스타이로폼 공이 낮게 튀어 오릅니다.

채점 기준	
상	㉠과 ㉡에서 스타이로폼 공의 모습을 모두 옳게 설명한 경우
중	㉠과 ㉡ 중 한 가지만 옳게 설명한 경우

08 다음 중 소리의 반사를 이용한 예를 골라 기호를 쓰고, 그렇게 생각한 까닭을 설명해 봅시다.

공연장 벽면의 판

음악 소리에 맞추어 연기하는 수중 발레

예시 답안 ㉠, 공연장 벽면에 설치된 반사판에서 소리가 반사하여 공연장 전체에 소리가 골고루 전달된다.

풀이 소리의 반사는 소리가 나아가다가 물체에 부딪쳐 되돌아오는 성질입니다. 공연장에 반사판을 설치하면 반사판에서 소리가 반사하여 공연장 전체에 골고루 전달됩니다. 수중 발레는 물을 통해 소리가 전달되어 음악에 맞추어 연기를 할 수 있습니다.

채점 기준	
상	소리의 반사를 이용한 예와 그 까닭을 모두 옳게 설명한 경우
중	소리의 반사를 이용한 예만 옳게 고른 경우

그림으로 단원 정리하기

● 그림을 보고, 빈칸에 알맞은 내용을 써 봅시다.

01 소리의 세기

G 114 쪽

소리굽쇠를 세게 칠 때	소리굽쇠를 약하게 칠 때
❶ ⬭ 소리가 남.	작은 소리가 남.

스타이로폼 공이 높게 튀어 오름.	스타이로폼 공이 ❷ ⬭ 튀어 오름.

02 소리의 높낮이

G 114 쪽

가장 높은 소리 ← → 가장 낮은 소리

빨대 팬파이프

가장 높은 소리 → 가장 낮은 소리

칼림바

빨대 팬파이프의 빨대와 칼림바의 음판의 길이가 짧을수록 높은 소리가 나고, 빨대와 음판의 길이가 길수록 ❸ ⬭ 소리가 납니다.

03 소리의 전달과 반사

G 120 쪽, 122 쪽

• 소리는 고체, 액체, ❹ ⬭ 상태의 물질을 통해 전달됩니다.

• 소리는 스펀지 판처럼 푹신한 물체보다 나무판처럼 딱딱한 물체에서 더 잘 ❺ ⬭ 됩니다.

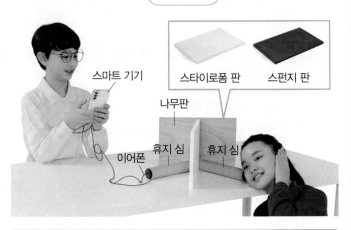

스마트 기기

스타이로폼 판 스펀지 판

나무판

이어폰 휴지 심 휴지 심

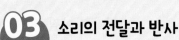
소리의 세기 비교: 나무판 > 스타이로폼 판 > 스펀지 판

04 소음을 줄이는 방법

G 124 쪽

소리의 세기 조절

녹음실의 방음벽

도로의 방음벽

소리의 ❻ ⬭ 을/를 줄이거나 소리가 잘 전달되지 않도록 하면 소음을 줄일 수 있습니다. 또, 소리가 ❼ ⬭ 하는 성질을 이용해 소음을 줄일 수 있습니다.

정답 확인

01 다음 중 손을 대었을 때 손에 떨림이 느껴지는 것은 어느 것입니까? ( )

①
연주하지 않는 기타

②
놓여 있는 핸드 벨

③
놓여 있는 트라이앵글

④
음악이 나오는 스피커

02 다음 ( ) 안에 들어갈 알맞은 말을 각각 써 봅시다.

소리의 크고 작은 정도를 소리의 (㉠)(이)라 하고, 소리의 높고 낮은 정도를 소리의 (㉡)(이)라고 한다.

㉠: ( ), ㉡: ( )

03 다음은 고무망치로 소리굽쇠를 다른 세기로 친 뒤 소리굽쇠에 실에 매단 스타이로폼 공을 살짝 댔을 때의 모습입니다. 소리굽쇠에서 가장 작은 소리가 나는 경우를 골라 기호를 써 봅시다.

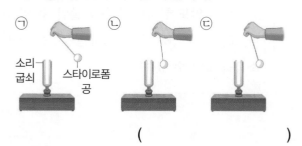
소리굽쇠 스타이로폼 공

( )

04 작은 소리를 내는 경우를 **보기**에서 두 가지 골라 기호를 써 봅시다.

보기

㉠ 멀리 있는 친구를 부를 때
㉡ 피아노로 조용한 곡을 연주할 때
㉢ 운동회에서 우리 팀을 응원할 때
㉣ 아기를 재우기 위해 자장가를 불러 줄 때

(,)

05 오른쪽과 같은 칼림바의 음판을 각각 ㉠, ㉡ 화살표 방향을 따라 같은 힘으로 퉁겼을 때 소리의 변화를 옳게 짝 지은 것은 어느 것입니까? ( )

	㉠	㉡
①	소리가 커짐.	소리가 작아짐.
②	소리가 작아짐.	소리가 커짐.
③	소리가 높아짐.	소리가 낮아짐.
④	소리가 낮아짐.	소리가 높아짐.
⑤	아무 변화가 없음.	아무 변화가 없음.

06 다음 중 소리의 높낮이에 대한 설명으로 옳은 것을 두 가지 골라 봅시다. (,)

① 구급차의 경보음은 높은 소리를 이용한다.
② 수영장 안전 요원의 호루라기는 낮은 소리를 이용한다.
③ 화재경보기의 경보음은 낮은 소리만 이용해 불이 난 것을 알린다.
④ 칼림바는 길이가 다른 음판을 퉁겨 높낮이가 다른 소리를 내는 악기이다.
⑤ 소리굽쇠를 치는 세기를 다르게 하면 높낮이가 다른 소리를 만들 수 있다.

→ 바른답·알찬풀이 35 쪽

07 다음은 오른쪽과 같이 물속 스피커에 긴 플라스틱 관을 가까이 하는 실험에서 소리의 전달 과정을 나타낸 것입니다. ( ) 안에 들어갈 알맞은 말을 각각 써 봅시다.

긴 플라스틱 관
방수 스피커

물속에서 스피커의 소리는 (㉠)을/를 통해 전달되고, 플라스틱 관과 관 속의 (㉡)을/를 통해 전달된다.

㉠: (   ), ㉡: (   )

08 다음 중 소리를 전달하는 물질의 상태가 나머지와 다른 하나는 어느 것입니까? (   )

①
배의 소리를 들을 때

②
철봉 소리를 들을 때

③
땅에 귀를 대고 소리를 들을 때

④
실 전화기로 친구와 대화할 때

09 다음은 실 전화기를 만드는 과정을 순서 없이 나타낸 것입니다. 순서대로 기호를 써 봅시다.

실
종이컵
(가) 종이컵의 구멍에 실을 끼워 넣음.

누름 못
(나) 종이컵 바닥에 누름 못으로 구멍을 뚫음.

클립
(다) 실의 양쪽 끝에 각각 클립을 묶음.

(   ) → (   ) → (   )

10 오른쪽과 같이 소리가 나는 이어폰을 휴지 심 안에 넣고 두 휴지 심이 만나는 곳에 나무판을 세워 놓은 뒤 다른 쪽 휴지 심에서 소리를 들었습니다. 이 실험에 대한 설명으로 옳은 것을 **보기**에서 골라 기호를 써 봅시다.

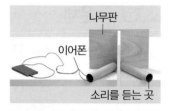
나무판
이어폰
소리를 듣는 곳

보기

㉠ 소리의 반사를 알아보는 실험이다.
㉡ 소리는 고체를 통해 전달됨을 알 수 있다.
㉢ 나무판이 소리의 전달을 막아 소리가 잘 들리지 않는다.

(   )

11 오른쪽과 같이 암벽으로 된 산에서 소리를 내면 잠시 뒤 메아리가 들리는 까닭으로 옳은 것은 어느 것입니까? (   )

야호

① 소리의 성질이 변하기 때문에
② 소리의 세기가 커지기 때문에
③ 소리가 사방으로 퍼지기 때문에
④ 소리가 한 방향으로 계속 나아가기 때문에
⑤ 소리가 나아가다가 물체에 부딪쳐 되돌아오기 때문에

12 다음 중 우리 주변에서 발생하는 소음을 줄이는 방법으로 옳지 <u>않은</u> 것은 어느 것입니까? (   )

① 도로에서 확성기의 사용을 줄인다.
② 자동차 도로에 방음벽을 설치한다.
③ 도시와 가까운 곳에 공항을 짓는다.
④ 공사장에서 소음이 적은 기계를 사용한다.
⑤ 피아노 학원의 벽에 소리가 잘 전달되지 않는 물질을 붙인다.

 문제 ....

13 다음과 같이 종을 칠 때 소리가 나는 까닭을 설명해 봅시다.

....

....

14 우리 생활에서 큰 소리를 내는 경우와 작은 소리를 내는 경우는 각각 언제인지 설명해 봅시다.

• 큰 소리를 내는 경우: ....

....

• 작은 소리를 내는 경우: ....

....

15 오른쪽과 같은 빨대 팬파이프에서 빨대 (가)를 불었을 때보다 낮은 소리를 내려면 ㉠~㉢ 중 어떤 빨대를 불어야 하는지 골라 기호를 쓰고, 그 까닭을 설명해 봅시다.

• 기호: ....

• 까닭: ....

....

16 다음과 같이 한 사람이 책상을 두드리고, 다른 사람이 책상에 귀를 대고 책상을 두드리는 소리를 들을 때 소리가 들리는 까닭을 설명해 봅시다.

....

....

17 다음과 같이 동굴에서 소리를 내면 동굴 벽에서 소리가 반사되어 울립니다. 이처럼 우리 생활에서 소리가 반사되는 경우를 두 가지 설명해 봅시다.

....

....

18 다음과 같은 녹음실에서 생기는 소음을 줄이는 방법을 소음을 줄이는 데 이용한 소리의 성질과 관련지어 설명해 봅시다.

....

....

01 다음은 스피커에 붙임쪽지를 붙이고 스피커에서 소리가 나지 않을 때와 소리가 날 때 붙임쪽지를 관찰한 모습입니다.

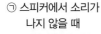

붙임쪽지 ── 스피커

㉠ 스피커에서 소리가 나지 않을 때

㉡ 스피커에서 소리가 날 때

(1) 위 ㉠과 ㉡에서 붙임쪽지의 모습을 설명해 봅시다.

_____

(2) ㉡에서 (1)의 답과 같은 결과가 나타나는 까닭을 설명해 봅시다.

_____

성취 기준

여러 가지 물체에서 소리가 나는 현상을 관찰하여 소리가 나는 물체는 떨림이 있음을 설명할 수 있다.

출제 의도

소리가 나는 물체의 모습을 관찰하고, 이를 통해 소리가 나는 물체는 떨림이 있음을 설명할 수 있는지 확인하는 문제예요.

관련 개념

소리를 내는 물체의 떨림 관찰하기 　G. 112 쪽

4 단원

공부한 날

월

일

02 다음과 같이 소리가 나는 이어폰을 한쪽 휴지 심 안에 넣고 다른 쪽 휴지 심에서 소리를 들었습니다. 이때 ㉠에서는 두 휴지 심이 만나는 곳에 아무것도 놓지 않았고, ㉡에서는 두 휴지 심이 만나는 곳에 스타이로폼 판을 세워 놓았습니다.

㉠

휴지 심

이어폰

㉡

스타이로폼 판

(1) 위 ㉠과 ㉡에서 들리는 소리의 세기를 비교하고, 그 까닭을 설명해 봅시다.

_____

(2) 위 ㉡에서 스타이로폼 판 대신 나무판을 세워 놓고 소리를 들어 보았을 때의 결과를 소리의 반사와 관련지어 설명해 봅시다.

_____

성취 기준

여러 가지 물체를 통하여 소리가 전달되거나 반사됨을 관찰하고 소음을 줄이는 방법을 토의할 수 있다.

출제 의도

여러 가지 물체에서 소리가 반사됨을 관찰하고, 반사되는 소리의 세기를 비교할 수 있는지 확인하는 문제예요.

관련 개념

소리의 반사　　　G. 122 쪽

정답 확인

01 다음 보기 에서 손에 느껴지는 느낌이 나머지와 다른 하나를 골라 기호를 써 봅시다.

보기
㉠ 종을 친 다음 종에 손을 대었을 때
㉡ 소리가 나는 스피커에 손을 대었을 때
㉢ 가만히 놓인 소리굽쇠에 손을 대었을 때

( )

[02~03] 오른쪽과 같이 고무망치로 소리굽쇠를 친 뒤 소리굽쇠에 실에 매단 스타이로폼 공을 살짝 대 보았습니다. 물음에 답해 봅시다.

소리굽쇠
스타이로폼 공

02 위 실험에서 고무망치로 소리굽쇠를 치는 세기만 다르게 할 때 달라지는 것을 두 가지 골라 봅시다.
(,)

① 스타이로폼 공의 무게
② 스타이로폼 공의 모양
③ 스타이로폼 공이 튀어 오르는 높이
④ 소리굽쇠에서 나는 소리의 세기
⑤ 소리굽쇠에서 나는 소리의 높낮이

03 위 실험에서 소리굽쇠를 세게 칠 때와 약하게 칠 때의 소리를 옳게 짝 지은 것은 어느 것입니까?
( )

	세게 칠 때	약하게 칠 때
①	큰 소리가 남.	작은 소리가 남.
②	작은 소리가 남.	큰 소리가 남.
③	높은 소리가 남.	낮은 소리가 남.
④	낮은 소리가 남.	높은 소리가 남.
⑤	소리가 나지 않음.	소리가 나지 않음.

04 다음 중 큰 소리를 내는 경우로 옳은 것은 어느 것입니까? ( )

① 도서관에서 친구와 이야기할 때
② 운동회에서 우리 팀을 응원할 때
③ 피아노로 조용한 곡을 연주할 때
④ 아기를 재우기 위해 자장가를 불러 줄 때
⑤ '무궁화 꽃이 피었습니다' 놀이에서 술래에게 다가갈 때

05 오른쪽과 같은 빨대 팬파이프를 불 때 가장 높은 소리를 내는 방법으로 옳은 것은 어느 것입니까?
( )

① 빨대를 세게 분다.
② 빨대를 약하게 분다.
③ 가장 긴 빨대를 분다.
④ 가장 짧은 빨대를 분다.
⑤ 호흡을 길게 하여 분다.

06 긴급 자동차의 경보음과 같이 높은 소리를 이용해 위험을 알리는 경우가 아닌 것을 보기 에서 골라 기호를 써 봅시다.

보기
㉠ 수업 시간에 친구들 앞에서 발표를 한다.
㉡ 불이 나면 건물에 설치된 화재경보기에서 경보음이 울린다.
㉢ 물의 깊이가 깊은 곳에서 수영을 하면 안전요원이 호루라기를 분다.

( )

[07~08] 다음은 여러 가지 물체를 통해 소리를 전달하는 실험입니다. 물음에 답해 봅시다.

(가) 책상을 두드리는 소리 듣기

긴 플라스틱 관
방수 스피커

(나) 물속에 있는 스피커의 소리 듣기

07 위 실험 (가)에 대한 설명으로 옳은 것을 **보기** 에서 골라 기호를 써 봅시다.

보기
㉠ 소리는 공기를 통해서만 전달된다.
㉡ 책상에 귀를 댄 사람에게는 책상을 두드리는 소리가 잘 들린다.
㉢ 실험을 통해 소리는 액체 상태의 물질을 통해 전달되는 것을 알 수 있다.

( )

08 위 실험 (가), (나)를 통해 알 수 있는 사실로 옳은 것은 어느 것입니까? ( )

① 소리는 기체를 통해서만 전달된다.
② 소리는 액체를 통해서만 전달된다.
③ 소리는 고체를 통해서만 전달된다.
④ 소리는 물질을 통하지 않고 전달된다.
⑤ 소리는 고체, 액체, 기체를 통해 전달된다.

09 다음 중 소리를 전달하는 물질의 상태가 나머지와 다른 하나는 어느 것입니까? ( )

① 학교 종소리를 들을 때
② 멀리 있는 친구가 부를 때
③ 운동회에서 친구들의 응원 소리를 들을 때
④ 수업 시간에 친구가 발표하는 내용을 들을 때
⑤ 실 전화기를 이용하여 멀리 떨어진 친구와 작은 소리로 대화할 때

10 오른쪽과 같이 소리가 나는 이어폰을 한 쪽 휴지 심에 넣고 다른 쪽 휴지 심에서 소리를 들을 때 소리를 가장 크게 들을 수 있는 경우를 **보기** 에서 골라 기호를 써 봅시다.

휴지 심
이어폰

보기
㉠ 두 휴지 심이 만나는 곳에 나무판을 세운다.
㉡ 두 휴지 심이 만나는 곳에 스펀지 판을 세운다.
㉢ 두 휴지 심이 만나는 곳에 스타이로폼 판을 세운다.

( )

11 다음 중 소리의 반사와 관계있는 경우가 **아닌** 것은 어느 것입니까? ( )

①
목욕탕에서 울리는 목소리

②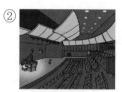
공연장 전체에 골고루 전달되는 소리

③
바닷물 속 잠수부에게 들리는 배의 소리

④
텅 빈 체육관에서 울리는 박수 소리

12 다음은 소음을 줄이는 방법을 소리의 성질과 관련 지어 설명한 것입니다. ( ) 안에 들어갈 알맞은 말을 각각 써 봅시다.

• 녹음실의 방음벽: 소리의 (㉠)을/를 막는다.
• 도로의 방음벽: 소리를 (㉡)한다.

㉠: ( ), ㉡: ( )

서술형 문제

13 다음과 같이 소리가 나는 목에 손을 대었을 때 손의 느낌과 소리가 나는 스피커에 붙임쪽지를 붙였을 때 붙임쪽지의 모습을 쓰고, 이를 통해 알 수 있는 소리가 나는 물체의 공통점을 설명해 봅시다.

소리가 나는 목에
손을 대었을 때

소리가 나는 스피커에
붙임쪽지를 붙였을 때

• 느낌과 모습:

• 공통점:

14 오른쪽과 같이 고무망치로 친 소리굽쇠에 실에 매단 스타이로폼 공을 살짝 댔더니 스타이로폼 공이 튀어 올랐습니다. 스타이로폼 공을 더 높게 튀어 오르게 하는 방법을 소리굽쇠의 떨림과 관련지어 설명해 봅시다.

15 오른쪽과 같은 칼림바로 가장 낮은 소리를 내는 방법을 음판의 길이와 관련지어 설명해 봅시다.

16 오른쪽은 수중 발레 선수가 수중 스피커에서 나오는 음악 소리를 들으며 움직이는 모습입니다. 물속에서 수중 발레 선수가 음악 소리를 들을 수 있는 까닭을 설명해 봅시다.

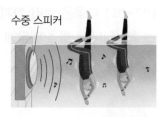

17 다음과 같이 실 전화기의 한쪽 종이컵에 입을 대고 작은 소리를 냈을 때 다른 쪽 종이컵에서 소리를 들을 수 있는 까닭을 설명해 봅시다.

18 다음과 같이 소리가 나는 이어폰을 한쪽 휴지 심에 넣고 다른 쪽 휴지 심에서 소리를 들었습니다. 두 휴지 심이 만나는 곳에 나무판을 세워 놓으면 아무것도 놓지 않았을 때보다 소리가 더 크게 들립니다. 그 까닭을 설명해 봅시다.

01 다음은 빨대를 이용해 만든 빨대 팬파이프입니다.

(1) 빨대 팬파이프의 빨대를 순서대로 같은 힘으로 불 때 달라지는 것은 무엇인지 써 봅시다.

(   )

(2) 빨대 팬파이프에서 빨대 ㉠과 ㉡을 같은 힘으로 불 때 소리는 어떻게 달라지는지 쓰고, 그 까닭을 설명해 봅시다.

_____

성취 기준

소리의 세기와 높낮이를 비교할 수 있다.

출제 의도

빨대 팬파이프에서 빨대의 길이에 따라 소리의 높낮이가 어떻게 달라지는지 확인하는 문제예요.

관련 개념

소리의 높낮이   G 114 쪽

4
단원

공부한 날

월

일

02 다음은 생활에서 소음을 줄이는 방법을 정리한 것입니다.

소음	소음을 줄이는 방법
공사장의 기계 소리	㉠ 소음이 적은 기계를 사용한다.
가게의 확성기 소리	㉡ 확성기의 소리를 줄인다.
녹음실의 음악 소리	㉢ 벽에 소리가 잘 전달되는 물질을 붙인다.
자동차 도로의 자동차 소리	㉣ 자동차 도로에 방음벽을 설치한다.

(1) 위 ㉠~㉣ 중 잘못된 것을 골라 기호를 써 봅시다.

(   )

(2) 위 (1)에서 고른 것을 소음을 줄이는 데 이용한 소리의 성질과 관련지어 옳게 고쳐 봅시다.

_____

성취 기준

여러 가지 물체를 통하여 소리가 전달되거나 반사됨을 관찰하고 소음을 줄이는 방법을 토의할 수 있다.

출제 의도

우리 주변에서 발생하는 소음을 찾고, 소음을 줄이는 방법을 알고 있는지 확인하는 문제예요.

관련 개념

우리 주변의 소음   G 124 쪽

여러 가지 실험 기구

비커

핀셋

거름종이

스탠드

유리 막대

돋보기

사각 쟁반

계량 숟가락

공기 주입 마개

전자저울

실험용 장갑

스타이로폼 공

방수 스피커

소리굽쇠, 고무망치

휴지 심

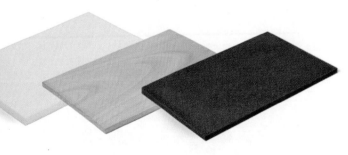

스타이로폼 판, 나무판, 스펀지 판

사각 수조

Memo

문장제 해결력 강화

문제
해결의
길잡이

문해길 시리즈는

문장제 해결력을 키우는 상위권 수학 학습서입니다.

문해길은 8가지 문제 해결 전략을 익히며

수학 사고력을 향상하고,

수학적 성취감을 맛보게 합니다.

이런 성취감을 맛본 아이는

수학에 자신감을 갖습니다.

수학의 자신감, 문해길로 이루세요.

문해길 원리를 공부하고, 문해길 심화에 도전해 보세요!
원리로 닦은 실력이 심화에서 빛이 납니다.

문해길 원리	**문해길** 심화
문장제 해결력 강화	고난도 유형 해결력 완성
1~6학년 학기별 [총12책]	1~6학년 학년별 [총6책]

하루 한장

공부력 강화 프로그램

공부력은 초등 시기에 갖춰야 하는 기본 학습 능력입니다.
공부력이 탄탄하면 언제든지 학습에서 두각을 나타낼 수 있습니다.
초등 교과서 발행사 미래엔의 공부력 강화 프로그램은
초등 시기에 다져야 하는 공부력 향상 교재입니다.

바른답·알찬풀이

과학
3·2

❶ 핵심 개념을 비주얼로 이해하는 **탄탄한 초코!**
❷ 기본부터 응용까지 공부가 즐거운 **달콤한 초코!**
❸ 온오프 학습 시스템으로 실력이 쌓이는 **신나는 초코!**

- **국어**　　3~6학년　　학기별 [총8책]
- **수학**　　1~6학년　　학기별 [총12책]
- **사회**　　3~6학년　　학기별 [총8책]
- **과학**　　3~6학년　　학기별 [총8책]

바른답·알찬풀이

1 동물의 생활

❶ 동물 분류

1~2 우리 주변에 사는 동물 / 특징에 따른 동물 분류

스스로 확인해요 9쪽

1 다릅니다 **2** 예시 답안 지렁이, 거미, 개미, 달팽이, 잠자리, 공벌레, 다람쥐 등이 산다.

2 우리 주변에는 다양한 장소에 지렁이, 거미, 개미, 달팽이, 잠자리, 공벌레, 다람쥐 등 여러 가지 동물이 삽니다.

스스로 확인해요 9쪽

1 분류 **2** 예시 답안 참새는 다리가 두 개 있고, 매미는 다리가 여섯 개 있다. 참새는 몸이 깃털로 덮여 있고, 매미는 몸이 깃털로 덮여 있지 않다. 등

2 참새와 매미는 모두 다리와 날개가 있지만 '다리의 개수가 두 개인가?', '몸이 깃털로 덮여 있는가?'와 같은 분류 기준으로 분류할 수 있습니다.

문제로 개념 탄탄 10~11쪽

핵심 ❶ 다릅니다 ❷ 특징 ❸ 기준
1 송사리 **2** 참새
3 (1) ㉢ (2) ㉣ (3) ㉠ **4** ㉣
5 아니요 **6** (1) 까치, 매미 (2) 고양이, 거미, 개구리, 달팽이

1 송사리는 연못에서 사는 동물입니다. 참새는 나무 위에서 살며, 지렁이는 화단에서 삽니다.

2 참새는 다리가 한 쌍이고, 몸이 깃털로 덮여 있습니다. 송사리와 지렁이는 모두 다리가 없고 몸이 깃털로 덮여 있지 않습니다.

3 참새는 날개로 날아다니고, 송사리는 지느러미로 헤엄칩니다. 지렁이는 몸통으로 기어 다닙니다.

4 같은 분류 기준으로 분류했을 때 누가 분류하더라도 그 결과가 같아야 합니다. '예쁜가?', '귀여운가?'와 같이 사람마다 다르게 판단하는 기준은 분류 기준이 될 수 없습니다.

5 달팽이는 다리가 없는 동물이므로 '다리가 있는가?'라는 분류 기준으로 분류하면 '아니요'에 해당합니다.

6 까치와 매미는 날개가 있는 동물이고, 고양이, 거미, 개구리, 달팽이는 모두 날개가 없는 동물입니다.

❷ 동물의 생김새와 생활 방식

1~2 동물이 사는 환경 / 땅에서 사는 동물

스스로 확인해요 12쪽

1 환경 **2** 예시 답안 동물의 이동 방법을 조사한다. 동물의 먹이를 조사한다. 동물이 알이나 새끼를 어떻게 돌보는지 조사한다. 등

2 동물은 사는 곳에 따라 이동 방법, 먹이 등과 같은 생활 방식이 다릅니다.

스스로 확인해요 12쪽

1 있는 **2** 예시 답안 땅속에서 땅을 파며 이동한다. 앞다리가 땅을 파기 좋게 생겼다. 다리가 있다. 등

2 땅강아지와 두더지는 모두 땅속에서 사는 동물로, 앞다리로 땅을 팔 수 있습니다.

문제로 개념 탄탄 13쪽

핵심 ❶ 환경 ❷ 다리
1 (1) ◯ (2) × (3) ◯ **2** (1) ㉢ (2) ㉡ (3) ㉠
3 땅강아지

1 동물은 숲, 들, 사막, 강, 호수, 바다 등 다양한 환경에서 삽니다.

2 뱀은 땅 위와 땅속을 오가면서 삽니다. 다람쥐는 땅 위에서 살고, 땅강아지는 땅속에서 삽니다.

3 땅강아지는 몸이 머리, 가슴, 배로 구분되고, 앞다리로 땅을 팔 수 있습니다. 또, 세 쌍의 다리로 걸어 다니거나 날개로 날아다닙니다.

문제로 실력 쑥쑥

14~15 쪽

01 ㉠ 있음, ㉡ 있음, ㉢ 있음, ㉣ 없음, ㉤ 없음, ㉥ 없음
02 (나)　　　**03** (1) 송사리, 지렁이 (2) 참새, 소금쟁이, 까치 (3) 참새, 까치
04 예시 답안 ㉠, 같은 분류 기준으로 분류했을 때 누가 분류하더라도 그 결과가 같아야 하기 때문에 '예쁜가?'와 같이 사람마다 다르게 판단하는 기준은 분류 기준이 될 수 없다.　　　**05** (1) 송사리 (2) 거미, 참새, 개미, 소금쟁이, 까치, 지렁이, 개구리, 개　　　**06** ④
07 개미　　　**08** 두더지　　　**09** ㉠
10 예시 답안 다리가 있는 동물은 다리로 걷거나 기어 다니고, 다리가 없는 동물은 몸통으로 기어 다닌다.

01 매미는 다리와 날개가 모두 있습니다. 고양이는 다리가 있고 날개가 없습니다. 달팽이는 다리와 날개가 모두 없습니다.

02 (나): 우리 주변에는 매미, 고양이, 달팽이 외에도 개미, 참새, 지렁이 등 여러 가지 동물이 삽니다.

왜 틀린 답일까?
(가): 매미, 고양이, 달팽이는 모두 물속에서 살지 않습니다. 매미는 나무에서 살며, 고양이는 주로 운동장에서 볼 수 있고, 달팽이는 화단에서 삽니다.
(다): 고양이와 달팽이는 생김새와 움직이는 모습이 다릅니다. 고양이는 다리로 걷거나 뛰어다니지만 달팽이는 기어서 이동합니다.

03 (1) 송사리와 지렁이는 다리가 없는 동물입니다. 거미, 참새, 개미, 소금쟁이, 까치, 개구리, 개는 모두 다리가 있는 동물입니다.

(2) 참새, 소금쟁이, 까치는 모두 날개가 있는 동물입니다. 거미, 개미, 송사리, 지렁이, 개구리, 개는 모두 날개가 없는 동물입니다.

(3) 참새와 까치는 몸이 깃털로 덮여 있는 동물입니다. 거미, 개미, 송사리, 소금쟁이, 지렁이, 개구리, 개는 모두 몸이 깃털로 덮여 있지 않은 동물입니다.

04 동물을 분류하려면 동물의 특징 중에서 공통점과 차이점을 찾고, 누가 분류하더라도 그 결과가 같도록 분류 기준을 세웁니다.

채점 기준	
상	㉠을 쓰고, 분류 기준이 될 수 없는 까닭을 옳게 설명한 경우
중	㉠만 쓴 경우

05 송사리는 지느러미가 있습니다. 거미, 참새, 개미, 소금쟁이, 까치, 지렁이, 개구리, 개는 모두 지느러미가 없습니다.

06 ④ 다슬기는 강이나 호수에서 삽니다.

왜 틀린 답일까?
① 상어는 바다에서 삽니다.
② 낙타는 사막에서 삽니다.
③ 붕어는 강이나 호수에서 삽니다.
⑤ 두더지는 숲이나 들에서 삽니다.

07

개미
땅 위와 땅속을 오가면서 살고, 세 쌍의 다리로 걸어 다녀요.

다람쥐
땅 위에서 살고, 두 쌍의 다리로 걷거나 뛰어다녀요.

두더지
땅속에서 살고, 두 쌍의 다리로 걷거나 뛰어다녀요. 앞다리로 땅을 팔 수 있어요.

메뚜기
땅 위에서 살고, 세 쌍의 다리 중 긴 뒷다리로 멀리 뛸 수 있어요.

개미는 땅 위와 땅속을 오가면서 사는 동물입니다. 다람쥐와 메뚜기는 땅 위에서 살고, 두더지는 땅속에서 사는 동물입니다.

08 두더지는 두 쌍의 다리로 걷거나 뛰어다니며, 앞다리로 땅을 파서 주로 땅속에서 삽니다. 개미는 땅 위와 땅속을 오가면서 살고, 다람쥐와 메뚜기는 땅 위에서 삽니다. 개미와 메뚜기는 세 쌍의 다리로 걸어 다니며, 다람쥐는 두 쌍의 다리로 걷거나 뛰어다닙니다.

09 ㉠ 개미, 다람쥐, 두더지, 메뚜기는 모두 다리가 있습니다.

왜 틀린 답일까?

㉡ 다람쥐와 두더지는 몸이 털로 덮여 있지만, 개미와 메뚜기는 몸이 털로 덮여 있지 않습니다.
㉢ 개미와 메뚜기는 몸이 머리, 가슴, 배로 구분되지만, 다람쥐와 두더지는 몸이 머리, 가슴, 배로 구분되지 않습니다.

10 땅에서 사는 동물의 이동 방법은 동물의 생김새와 관련되어 있습니다.

채점 기준	
상	다리의 유무와 관련지어 동물의 이동 방법을 옳게 설명한 경우
중	다리의 유무를 언급하지 않고 동물의 이동 방법을 설명한 경우

3 물에서 사는 동물

스스로 확인해요 16 쪽

1 지느러미, 다리   **2** 예시 답안 팔을 집게 다리 모양으로 들고 옆으로 걸어 다니는 게의 이동 방법을 표현한다.

2 물에서 사는 동물 중에 지느러미가 있는 동물은 헤엄치고, 다리가 있는 동물은 걸어 다니기도 합니다. 또, 지느러미와 다리가 없는 동물은 기어 다닙니다.

문제로 개념 탄탄 17 쪽

핵심 콕 ❶ 헤엄치고

1 게, 다슬기   **2** (1) ㉡ (2) ㉠ (3) ㉢
3 ㉢

1 게와 다슬기는 몸이 딱딱한 껍데기로 덮여 있습니다. 미꾸라지는 몸이 딱딱한 껍데기로 덮여 있지 않으며, 몸이 길고 표면이 매끄럽습니다.

2 (1) 게는 다리로 걸어 다닙니다.
(2) 다슬기는 바위나 바닥에 붙어서 기어 다닙니다.
(3) 미꾸라지는 지느러미로 헤엄쳐 이동합니다.

3 ㉢ 오징어는 바다에서 사는 동물입니다.

왜 틀린 답일까?

㉠ 메기는 강이나 호수에서 사는 동물입니다.
㉡ 메뚜기는 땅에서 사는 동물입니다.

4 날아다니는 동물

스스로 확인해요 18 쪽

1 날개   **2** 예시 답안 새의 날개에는 깃털이 있고, 곤충의 날개에는 깃털이 없다. 새의 날개보다 곤충의 날개가 더 얇다. 등

2 날아다니는 새와 곤충은 모두 날개가 있지만 날개의 생김새는 서로 다릅니다.

문제로 개념 탄탄 19 쪽

핵심 콕 ❶ 날개

1 매미   **2** (1) × (2) ○ (3) ×
3 ㉢

1 매미는 몸이 머리, 가슴, 배로 구분되며, 가슴에 다리 세 쌍이 있는 곤충입니다.

2 (1) 매미는 곤충이지만, 갈매기와 꾀꼬리는 새입니다.
(3) 매미는 몸이 깃털로 덮여 있지 않지만, 갈매기와 꾀꼬리는 몸이 깃털로 덮여 있습니다.

3 ⓒ 잠자리는 날아다니는 곤충입니다.

ⓐ 붕어는 지느러미로 헤엄치며 사는 동물입니다.
ⓑ 다람쥐는 다리로 걷거나 뛰어다니며 사는 동물입니다.

문제로 실력 쑥쑥

20~21 쪽

01 ③ **02** (나)
03 (1) 상어, 고등어 (2) 메기, 붕어 **04** ②
05 예시 답안 지느러미가 있는 동물은 헤엄치고, 다리가 있는 동물은 걸어 다니기도 한다. 또, 지느러미와 다리가 없는 동물은 기어 다닌다. **06** ②
07 호랑나비 **08** ⓒ **09** ④
10 예시 답안 날개가 있다.

01

게
바다에서 살고, 다리로 걸어
다녀요.

뱀
땅 위와 땅속을 오가면서 살
고, 몸통으로 기어 다녀요.

전복
바다에서 살고, 바위나 바닥
에 붙어서 기어 다녀요.

지렁이
땅속에서 살고, 몸통으로 기어
다녀요.

전복은 바다에서 살며, 몸이 딱딱한 껍데기로 덮여 있습니다. 또, 바위나 바닥에 붙어서 기어 다닙니다.

02 (나): 오징어는 바다에서 사는 동물입니다.

(가): 오징어는 지느러미로 헤엄쳐 이동합니다.
(다): 오징어는 몸이 딱딱한 껍데기로 덮여 있지 않습니다.

03 (1) 상어와 고등어는 바다에서 사는 동물입니다.
(2) 메기와 붕어는 강이나 호수에서 사는 동물입니다.

04 ② 메기, 붕어, 상어, 고등어는 모두 지느러미가 있습니다.

① 메기, 붕어, 상어, 고등어는 모두 다리가 없습니다.
③ 메기, 붕어, 상어, 고등어는 모두 지느러미로 헤엄쳐 이동합니다.
④ 메기, 붕어, 상어, 고등어는 모두 물에서 사는 동물입니다.
⑤ 메기, 붕어, 상어, 고등어는 모두 몸이 머리, 가슴, 배로 구분되지 않습니다.

05 물에서 사는 동물의 이동 방법은 동물의 생김새와 관련되어 있습니다.

채점 기준	
상	다리의 유무, 지느러미의 유무와 관련지어 동물의 이동 방법을 옳게 설명한 경우
중	다리의 유무, 지느러미의 유무를 언급하지 않고 동물의 이동 방법을 설명한 경우

06 꾀꼬리는 날아다니는 새이고, 매미와 잠자리는 날아다니는 곤충입니다. 새와 곤충 이외에 날아다니는 동물에는 박쥐, 하늘다람쥐 등이 있습니다.

07 호랑나비는 몸이 머리, 가슴, 배로 구분되며, 가슴에 다리 세 쌍이 있는 곤충입니다. 호랑나비는 두 쌍의 날개로 날아다닙니다. 까치, 박새, 참새는 모두 날아다니는 새입니다.

08 까치, 박새, 참새, 호랑나비는 모두 날개와 다리가 있으며, 지느러미가 없습니다.

09 ④ 갈매기는 날개로 날아다닙니다.

① 갈매기는 머리에 더듬이가 없습니다.
② 갈매기는 다리 한 쌍이 있습니다.
③ 갈매기는 날개 한 쌍이 있습니다.
⑤ 갈매기는 지느러미가 없습니다.

10 날아다니는 동물에는 꾀꼬리, 까치, 박새, 갈매기와 같은 새와 매미, 잠자리, 호랑나비와 같은 곤충이 있습니다.

채점 기준	
상	날아다니는 새와 곤충의 공통점을 동물이 날 수 있는 까닭과 관련지어 옳게 설명한 경우
중	날아다니는 새와 곤충의 공통점을 동물이 날 수 있는 까닭과 관련짓지 않고 설명한 경우

바른답·알찬풀이

5~6 사막에서 사는 동물 / 동물 탐험 여권 소개하기

스스로 확인해요   22 쪽

1 사막   **2** 예시 답안 혹에 들어 있는 지방을 먹이가 부족할 때 사용한다. 긴 눈썹이 강한 햇빛과 모래 먼지로부터 눈을 보호한다. 콧구멍을 여닫을 수 있어 모래바람이 불어도 콧속으로 모래 먼지가 잘 들어가지 않는다. 등

2 사막은 물과 먹이가 부족하고 모래바람이 불며, 낮에는 덥고 밤에는 춥습니다. 낙타는 이러한 사막의 환경에서도 잘 살 수 있는 특징이 있습니다.

문제로 개념 탄탄   23 쪽

핵심 ❶ 특징   ❷ 환경

1 ㉢   **2** ㉠
3 (1) ○ (2) × (3) ○

1 사막은 물과 먹이가 부족하고 모래바람이 불며, 낮에는 덥고 밤에는 춥습니다.

2 ㉠ 낙타는 사막에서 사는 동물로, 사막의 환경에서도 잘 살 수 있는 특징이 있습니다.

> **왜 틀린 답일까?**
> ㉡ 상어는 바다에서 사는 동물입니다.
> ㉢ 지렁이는 땅속에서 사는 동물입니다.

3 (2) 사막에서 사는 동물 중 전갈은 몸이 딱딱한 껍데기로 덮여 있지만, 낙타와 사막여우는 몸이 털로 덮여 있습니다.

❸ 동물의 특징 모방

1 생활 속 동물의 특징 모방

스스로 확인해요   24 쪽

1 특징   **2** 예시 답안 빠르게 움직이는 잠자리의 날개를 모방하여 사람을 신속하게 구조할 수 있는 로봇을 만들면 좋을 것 같다.

2 동물의 특징을 모방하여 생활 속에서 활용하는 예에는 자벌레가 늘어났다 쪼그라들며 이동하는 모습을 보고 만든 내시경 로봇 같은 로봇도 있습니다.

문제로 개념 탄탄   25 쪽

핵심 ❶ 특징
1 수영용 오리발   **2** ㉢
3 (1) ○ (2) ○ (3) ×

1 수영용 오리발은 오리의 특징을 모방하여 만든 것입니다.

2 오리가 발에 물갈퀴가 있어 물에서 빠르게 헤엄치는 모습을 보고 수영용 오리발을 만들었습니다.

3 (3) 흡착 고무는 문어 다리의 빨판을 모방하여 만든 것이고, 유리에 붙는 장갑은 도마뱀붙이의 발바닥을 모방하여 만든 것입니다.

문제로 실력 쑥쑥   26~27 쪽

01 ②   **02** ④
03 예시 답안 전갈은 몸이 딱딱한 껍데기로 덮여 있어 몸에 있는 물이 밖으로 잘 빠져나가지 않는다.
04 (다)   **05** ㉡
06 ㉠ 땅, ㉡ 물   **07** ②   **08** ㉡
09 ㉡   **10** 예시 답안 오리, 오리가 발에 물갈퀴가 있어 물에서 빠르게 헤엄치는 모습을 보고 수영용 오리발을 만들었다.

01 ② 사막은 모래바람이 붑니다.
> **왜 틀린 답일까?**
> ① 사막은 그늘이 거의 없습니다.
> ③ 사막은 비가 거의 내리지 않아 물이 부족합니다.
> ④ 사막은 낮에는 덥고 밤에는 춥습니다.
> ⑤ 사막은 동물이 먹을 먹이가 부족합니다.

02 낙타, 사막여우, 전갈, 사막 거북은 모두 사막에서 사는 동물입니다.

03 전갈은 사막의 환경에서 잘 살 수 있는 특징이 있습니다.

채점 기준	
상	전갈이 사막의 환경에서 잘 살 수 있는 특징을 껍데기와 관련지어 옳게 설명한 경우
중	전갈의 생김새만 설명한 경우

04 (다): 사막 거북은 앞다리로 땅을 팔 수 있어 더운 낮에 땅굴에 들어가 쉴 수 있습니다.

> **왜 틀린 답일까?**
> (가): 사막여우는 몸에 비해 큰 귀를 가지고 있어 체온을 잘 조절할 수 있습니다.
> (나): 낙타는 콧구멍을 여닫을 수 있어 콧속으로 모래 먼지가 잘 들어가지 않습니다.

05 ⓒ 사막 도마뱀은 서 있거나 이동할 때 한 번에 두 발씩 번갈아 들어 올려 발의 열을 식힙니다.

> **왜 틀린 답일까?**
> ⓐ 눈썹이 길어 강한 햇빛과 모래 먼지로부터 눈을 보호할 수 있는 동물은 낙타입니다.
> ⓑ 귓속에 털이 많아 모래바람이 불어도 귓속으로 모래 먼지가 잘 들어가지 않는 동물은 사막여우입니다.

06 땅에서 사는 동물 중에 다리가 있는 동물은 다리로 걷거나 기어 다니고, 다리가 없는 동물은 몸통으로 기어 다닙니다. 물에서 사는 동물 중에 지느러미가 있는 동물은 헤엄치고, 다리가 있는 동물은 걸어 다니기도 합니다. 또, 지느러미와 다리가 없는 동물은 기어 다닙니다.

07 흡착 고무는 문어의 특징을 모방하여 만든 것입니다.

08 문어가 다리에 빨판이 있어 물체를 잡고 놓치지 않는 모습을 보고 흡착 고무를 만들었습니다.

09 도마뱀붙이가 발바닥에 매우 가는 털이 있어 미끄러운 곳에 잘 붙는 모습을 보고 유리에 붙는 장갑을 만들었습니다.

10 수영용 오리발은 오리의 특징을 모방하여 만든 것입니다.

채점 기준	
상	오리를 쓰고, 수영용 오리발을 만들 때 모방한 오리의 특징을 옳게 설명한 경우
중	오리만 쓴 경우

01 달팽이	**02** ⓐ	**03** 지렁이
04 ⓒ	**05** ②	**06** (나)
07 미꾸라지	**08** ④	**09** ①
10 ⑤	**11** ④	**12** ⓒ

서술형 문제

13 **예시 답안** 거미, 거미는 날개가 없기 때문에 '아니요'로 분류되어야 한다.

14 **예시 답안** 땅에서 산다. 두 쌍의 다리로 걷거나 뛰어다닌다. 몸이 털로 덮여 있다. 등

15 **예시 답안** 지느러미로 헤엄쳐 이동한다.

16 · 생김새: **예시 답안** 얇고 투명한 날개 두 쌍이 있다. 몸이 머리, 가슴, 배로 구분된다. 가슴에 다리 세 쌍이 있다. 등 · 이동 방법: **예시 답안** 날개로 날아다닌다.

17 **예시 답안** 몸에 비해 큰 귀를 가지고 있어 몸속의 열을 밖으로 내보내기 쉽다. 귓속에 털이 많아 모래바람이 불어도 귓속으로 모래 먼지가 잘 들어가지 않는다. 등

18 **예시 답안** 문어, 문어가 다리에 빨판이 있어 물체를 잡고 놓치지 않는 모습을 보고 흡착 고무를 만들었다.

01

송사리
몸이 옆으로 납작하고, 지느러미로 헤엄쳐요. 물속에서 살 수 있어요.

참새
몸이 깃털로 덮여 있고, 다리 한 쌍이 있어요. 날개로 날아다녀요.

고양이
몸이 털로 덮여 있고, 다리 두 쌍이 있어요. 다리로 걷거나 뛰어다녀요.

달팽이
딱딱한 껍데기를 가지고 있고, 기어서 이동해요.

지렁이
몸이 여러 개의 마디로 되어 있고, 기어서 이동해요.

매미
다리 세 쌍이 있고, 얇은 날개 두 쌍으로 날아다녀요.

달팽이는 딱딱한 껍데기를 가지고 있으며, 기어서 이동합니다.

02 ⓐ 참새와 매미는 모두 날개가 있습니다.

> **왜 틀린 답일까?**
> ⓒ 고양이와 지렁이는 모두 땅에서 삽니다.
> ⓑ 송사리와 달팽이는 모두 몸이 털로 덮여 있지 않습니다.

03 지렁이는 땅속에서 사는 동물입니다.

04 ㉡ 참새, 고양이, 매미는 모두 다리가 있는 동물이고, 송사리, 달팽이, 지렁이는 모두 다리가 없는 동물입니다.

왜 틀린 답일까?

㉠ 참새와 매미는 날개가 있는 동물이고, 송사리, 고양이, 달팽이, 지렁이는 모두 날개가 없는 동물입니다.
㉢ 송사리는 물속에서 사는 동물이고, 참새, 고양이, 달팽이, 지렁이, 매미는 모두 물속에서 살지 않는 동물입니다.

05 뱀, 너구리, 메뚜기는 모두 땅에서 사는 동물입니다. 붕어는 강이나 호수에서 사는 동물입니다.

06 (나): 땅에서 사는 동물 중에는 개미처럼 땅 위와 땅속을 오가면서 사는 동물이 있습니다.

왜 틀린 답일까?

(가): 땅에서 사는 동물에는 다리가 있는 동물도 있고 다리가 없는 동물도 있습니다.
(다): 땅강아지는 세 쌍의 다리로 걸어 다니며, 날개로 날아다니기도 합니다.

07

미꾸라지
강이나 호수에서 살고, 지느러미로 헤엄쳐 이동해요.

오징어
바다에서 살고, 지느러미로 헤엄쳐 이동해요.

상어
바다에서 살고, 지느러미로 헤엄쳐 이동해요.

고등어
바다에서 살고, 지느러미로 헤엄쳐 이동해요.

미꾸라지는 강이나 호수에서 사는 동물이고, 오징어, 상어, 고등어는 모두 바다에서 사는 동물입니다.

08 미꾸라지, 오징어, 상어, 고등어는 모두 물에서 사는 동물로, 지느러미로 헤엄쳐 이동합니다.

09 까치, 박새, 갈매기는 모두 날아다니는 새이고, 매미, 잠자리, 호랑나비는 모두 날아다니는 곤충입니다. 다람쥐와 너구리는 땅에서 살며, 다리로 걷거나 뛰어다닙니다. 전복과 다슬기는 물에서 살며, 바위나 바닥에 붙어서 기어 다닙니다.

10 ① 꾀꼬리는 다리 한 쌍이 있습니다.
② 꾀꼬리는 날개로 날아다닙니다.
③ 꾀꼬리는 몸이 깃털로 덮여 있습니다.
④ 꾀꼬리는 숲이나 들에서 볼 수 있습니다.

왜 틀린 답일까?

⑤ 몸이 머리, 가슴, 배로 구분되는 것은 곤충의 특징이며, 꾀꼬리는 새이므로 몸이 머리, 가슴, 배로 구분되지 않습니다.

11 ④ 낙타는 등에 있는 혹에 지방이 들어 있어 먹이가 부족해도 며칠 동안 생활할 수 있습니다.

왜 틀린 답일까?

① 앞다리로 땅을 팔 수 있어 더운 낮에 땅굴에 들어가 쉴 수 있는 동물은 사막 거북입니다.
② 몸에 비해 큰 귀를 가지고 있어 몸속의 열을 밖으로 내보내기 쉬운 동물은 사막여우입니다.
③ 몸이 딱딱한 껍데기로 덮여 있어 몸에 있는 물이 밖으로 잘 빠져나가지 않는 동물은 전갈입니다.
⑤ 서 있거나 이동할 때 한 번에 두 발씩 번갈아 들어 올려 발의 열을 식힐 수 있는 동물은 사막 도마뱀입니다.

12 ㉢ 도마뱀붙이가 발바닥에 매우 가는 털이 있어 미끄러운 곳에 잘 붙는 모습을 보고 유리에 붙는 장갑을 만들었습니다.

왜 틀린 답일까?

㉠ 문어가 다리에 빨판이 있어 물체를 잡고 놓치지 않는 모습을 보고 흡착 고무를 만들었습니다.
㉡ 오리가 발에 물갈퀴가 있어 물에서 빠르게 헤엄치는 모습을 보고 수영용 오리발을 만들었습니다.

13 참새는 날개가 있는 동물이고, 거미, 송사리, 개는 모두 날개가 없는 동물입니다.

채점 기준	
상	거미를 쓰고, 거미가 잘못 분류된 까닭을 옳게 설명한 경우
중	거미만 쓴 경우

14 다람쥐는 땅 위에서 사는 동물이고, 두더지는 땅속에서 사는 동물입니다.

채점 기준	
상	다람쥐와 두더지의 공통점을 두 가지 모두 옳게 설명한 경우
중	다람쥐와 두더지의 공통점을 한 가지만 옳게 설명한 경우

15 메기는 강이나 호수에서 사는 동물입니다.

채점 기준	
상	지느러미로 헤엄쳐 이동한다고 옳게 설명한 경우
중	헤엄쳐 이동한다고만 설명한 경우

16 잠자리는 날아다니는 곤충입니다.

채점 기준	
상	잠자리의 생김새와 이동 방법을 모두 옳게 설명한 경우
중	잠자리의 생김새와 이동 방법 중 한 가지만 옳게 설명한 경우

17 사막여우는 사막의 환경에서 잘 살 수 있는 특징이 있습니다.

채점 기준	
상	사막여우가 사막의 환경에서 잘 살 수 있는 특징을 옳게 설명한 경우
중	사막여우의 생김새만 설명한 경우

18 흡착 고무는 문어의 특징을 모방하여 만든 것입니다.

채점 기준	
상	문어를 쓰고, 흡착 고무를 만들 때 모방한 문어의 특징을 옳게 설명한 경우
중	문어만 쓴 경우

수행평가 1회

37 쪽

01 (1) 송사리, 지렁이, 달팽이 (2) 예시 답안 날개가 있는가?, 지느러미가 있는가?, 물속에서 사는가?, 더듬이가 있는가? 등
02 (1) 예시 답안 개미, 너구리, 지렁이, 개미와 너구리처럼 다리가 있는 동물은 다리로 걷거나 기어 다니고, 지렁이처럼 다리가 없는 동물은 몸통으로 기어 다닌다. (2) 예시 답안 게, 상어, 다슬기, 상어처럼 지느러미가 있는 동물은 헤엄치고, 게처럼 다리가 있는 동물은 걸어 다니기도 한다. 또, 다슬기처럼 지느러미와 다리가 없는 동물은 기어 다닌다.

01 (1) 고양이, 거미, 참새, 개미, 매미, 까치, 개는 모두 다리가 있는 동물입니다. 송사리, 지렁이, 달팽이는 모두 다리가 없는 동물입니다.

> 만점 꿀팁 제시된 동물을 관찰하여 다리가 있는 동물과 다리가 없는 동물을 찾아보아요.

(2) 동물은 생김새, 사는 곳 등의 특징에 따라 분류할 수 있습니다.

> 만점 꿀팁 제시된 동물의 특징 중에서 공통점과 차이점을 찾고, 같은 분류 기준으로 분류했을 때 누가 분류하더라도 그 결과가 같을 수 있게 객관적인 분류 기준을 세워요.

채점 기준	
상	제시된 동물을 분류할 수 있는 분류 기준을 두 가지 모두 옳게 설명한 경우
중	제시된 동물을 분류할 수 있는 분류 기준을 한 가지만 옳게 설명한 경우

02 (1) 개미, 너구리, 지렁이는 모두 땅에서 사는 동물입니다.

> 만점 꿀팁 제시된 동물 중 땅에서 사는 동물을 찾고, 다리의 유무에 따라 동물이 어떻게 이동하는지 생각해 보아요.

채점 기준	
상	개미, 너구리, 지렁이를 쓰고, 땅에서 사는 동물의 이동 방법을 다리의 유무에 따라 옳게 설명한 경우
중	개미, 너구리, 지렁이를 쓰고, 땅에서 사는 동물의 이동 방법을 다리의 유무와 관계없이 설명한 경우
하	개미, 너구리, 지렁이만 쓴 경우

(2) 게, 상어, 다슬기는 모두 물에서 사는 동물입니다.

> 만점 꿀팁 제시된 동물 중 물에서 사는 동물을 찾고, 다리와 지느러미의 유무에 따라 동물이 어떻게 이동하는지 생각해 보아요.

채점 기준	
상	게, 상어, 다슬기를 쓰고, 물에서 사는 동물의 이동 방법을 다리와 지느러미의 유무에 따라 옳게 설명한 경우
중	게, 상어, 다슬기를 쓰고, 물에서 사는 동물의 이동 방법을 다리와 지느러미의 유무와 관계없이 설명한 경우
하	게, 상어, 다슬기만 쓴 경우

바른답·알찬풀이

01 ㉡	02 (1) 참새, 소금쟁이, 매미, 까치
(2) 고양이, 거미, 개미, 개	03 아니요
04 ⑤	05 ③	06 ④
07 ③, ④	08 ②	09 ②
10 사막	11 ㉠	12 ③

서술형 문제

13 [예시 답안] 다리가 있는가?, 날개가 있는가?

14 • 사는 곳: 땅(땅속) • 이동 방법: [예시 답안] 몸통으로 기어 다닌다.

15 [예시 답안] 상어, 지느러미로 헤엄쳐 이동한다.

16 [예시 답안] 갈매기, 등과 날개는 회색이고, 부리는 노란색이다. 날개와 다리가 한 쌍씩 있다. 등

17 [예시 답안] 낙타, 등에 있는 혹에 지방이 들어 있어 먹이가 부족해도 며칠 동안 생활할 수 있다. 콧구멍을 여닫을 수 있어 모래바람이 불어도 콧속으로 모래 먼지가 잘 들어가지 않는다. 발바닥이 넓어 모래에 발이 잘 빠지지 않는다. 눈썹이 길어 강한 햇빛과 모래 먼지로부터 눈을 보호한다. 두 쌍의 긴 다리로 걸어 다녀 땅의 뜨거운 열기를 피할 수 있다. 등

18 [예시 답안] (가), 우리가 생활 속에서 사용하는 물건 중에는 동물의 특징을 모방하여 활용하는 것이 있어.

---

01 제시된 동물은 모두 다리가 있고 물속에서 살지 않으므로 '다리가 있는가?'와 '물속에서 사는가?'는 제시된 동물을 두 무리로 분류할 수 있는 분류 기준이 아닙니다.

02 참새, 소금쟁이, 매미, 까치는 모두 날개가 있는 동물이고, 고양이, 거미, 개미, 개는 모두 날개가 없는 동물입니다.

03 개구리는 날개가 없는 동물이므로 '날개가 있는가?'라는 분류 기준으로 분류하면 '아니요'에 해당합니다.

04 뱀, 개미, 지렁이, 두더지, 메뚜기, 땅강아지는 모두 땅에서 사는 동물입니다. 오징어, 고등어, 메기, 미꾸라지는 모두 물에서 사는 동물입니다.

05 ③ 다람쥐는 몸이 털로 덮여 있습니다.

> **왜 틀린 답일까?**
> ①, ⑤ 다람쥐는 두 쌍의 다리로 걷거나 뛰어다닙니다.
> ② 다람쥐는 땅 위에서 삽니다.
> ④ 다람쥐의 머리에는 더듬이가 없습니다.

06 다슬기는 강이나 호수의 물속에서 삽니다. 다슬기는 몸이 딱딱한 껍데기로 덮여 있으며, 바위나 바닥에 붙어서 기어 다닙니다.

07 ③ 미꾸라지는 지느러미로 헤엄쳐 이동합니다.
④ 미꾸라지는 몸이 길고 표면이 매끄럽습니다.

> **왜 틀린 답일까?**
> ① 미꾸라지는 다리가 없습니다.
> ② 미꾸라지는 강이나 호수에서 삽니다.
> ⑤ 미꾸라지는 몸이 머리, 가슴, 배로 구분되지 않습니다.

08 ② 박새는 날개로 날아다닙니다.

> **왜 틀린 답일까?**
> ① 개미는 다리로 걸어 다닙니다.
> ③ 오징어는 지느러미로 헤엄쳐 이동합니다.
> ④ 지렁이는 몸통으로 기어 다닙니다.

09 ② 매미와 까치는 날개로 날아다닙니다.

> **왜 틀린 답일까?**
> ① 매미는 곤충이지만, 까치는 새입니다.
> ⑤ 매미는 몸이 깃털로 덮여 있지 않지만, 까치는 몸이 깃털로 덮여 있습니다.

10 사막은 물과 먹이가 부족하고 모래바람이 불며, 낮에는 덥고 밤에는 춥습니다.

11 앞다리로 땅을 팔 수 있어 더운 낮에 땅굴에 들어가 쉴 수 있는 동물은 사막 거북입니다.

12 오리가 발에 물갈퀴가 있어 물에서 빠르게 헤엄치는 모습을 보고 수영용 오리발을 만들었습니다.

13 참새, 까치, 매미는 모두 다리와 날개가 있지만 송사리, 지렁이, 달팽이는 모두 다리와 날개가 없습니다.

채점 기준	
상	동물을 분류할 수 있는 분류 기준을 두 가지 모두 옳게 설명한 경우
중	동물을 분류할 수 있는 분류 기준을 한 가지만 옳게 설명한 경우

14 지렁이는 땅(땅속)에서 사는 동물이고, 다리가 없습니다.

채점 기준	
상	지렁이가 사는 곳을 쓰고, 이동 방법을 옳게 설명한 경우
중	지렁이의 사는 곳과 이동 방법 중 한 가지만 옳게 설명한 경우

15 상어는 바다에서 사는 동물입니다.

채점 기준	
상	상어를 쓰고, 상어의 이동 방법을 옳게 설명한 경우
중	상어만 쓴 경우

16 갈매기는 날아다니는 새입니다.

채점 기준	
상	갈매기를 쓰고, 갈매기의 생김새를 옳게 설명한 경우
중	갈매기만 쓴 경우

17 낙타는 사막에서 사는 동물입니다.

채점 기준	
상	낙타를 쓰고, 낙타가 사막에서 잘 살 수 있는 특징을 옳게 설명한 경우
중	낙타만 쓴 경우

18 우리가 생활 속에서 사용하는 물건 중에는 동물의 특징을 모방하여 활용하는 것이 있습니다.

채점 기준	
상	(가)를 쓰고, 옳게 고쳐 설명한 경우
중	(가)만 쓴 경우

수행평가 2회

41 쪽

01 (1) 예시 답안 먹이가 부족하다. 모래바람이 분다. 그늘이 거의 없다. 낮에는 덥고 밤에는 춥다. 비가 거의 내리지 않아 물이 부족하다. 등 (2) 예시 답안 사막 도마뱀은 서 있거나 이동할 때 한 번에 두 발씩 번갈아 들어 올려 발의 열을 식힐 수 있다. 사막 거북은 앞다리로 땅을 팔 수 있어 더운 낮에 땅굴에 들어가 쉴 수 있다.

02 (1) ㉠ 오리, ㉡ 문어 (2) 예시 답안 수영용 오리발은 오리가 발에 물갈퀴가 있어 물에서 빠르게 헤엄치는 모습을 보고 만들었다. 흡착 고무는 문어가 다리에 빨판이 있어 물체를 잡고 놓치지 않는 모습을 보고 만들었다.

01 (1) 사막 도마뱀과 사막 거북은 사막에서 사는 동물입니다.

> **만점 꿀팁** 사막 도마뱀과 사막 거북이 사는 곳을 생각해 보고, 그곳의 환경을 떠올려 보아요.

채점 기준	
상	사막의 환경을 두 가지 모두 옳게 설명한 경우
중	사막의 환경을 한 가지만 옳게 설명한 경우
하	사막만 쓴 경우

(2) 사막은 물과 먹이가 부족하고 모래바람이 불며, 낮에는 덥고 밤에는 춥습니다. 사막 도마뱀과 사막 거북은 이러한 사막의 환경에서도 잘 살 수 있는 특징이 있습니다.

> **만점 꿀팁** 사막 도마뱀과 사막 거북이 사막의 환경에서 어떤 방식으로 생활하고 있는지 생각해 보아요.

채점 기준	
상	사막 도마뱀과 사막 거북이 사막의 환경에서 잘 살 수 있는 특징을 모두 옳게 설명한 경우
중	사막 도마뱀과 사막 거북이 사막의 환경에서 잘 살 수 있는 특징 중 한 가지만 옳게 설명한 경우

02 (1) 우리가 생활 속에서 사용하는 물건 중에는 수영용 오리발, 흡착 고무 등과 같이 동물의 특징을 모방하여 활용하는 것이 있습니다.

> **만점 꿀팁** 수영용 오리발과 흡착 고무의 특징을 생각해 보면 각각 어떤 동물을 모방하여 만든 것인지 알 수 있어요.

(2) 수영용 오리발은 오리의 특징을 모방하여 만든 것이고, 흡착 고무는 문어의 특징을 모방하여 만든 것입니다.

> **만점 꿀팁** 수영용 오리발과 오리, 흡착 고무와 문어를 각각 비교해 보면 각 물건이 동물의 어떤 특징을 모방하여 만든 것인지 알 수 있어요.

채점 기준	
상	수영용 오리발과 흡착 고무를 만들 때 모방한 동물의 특징을 모두 옳게 설명한 경우
중	수영용 오리발과 흡착 고무를 만들 때 모방한 동물의 특징 중 한 가지만 옳게 설명한 경우

바른답·알찬풀이

2 지표의 변화

❶ 흙의 특징

1 여러 장소의 흙

스스로 확인해요 44 쪽

1 큽니다 **2** 부식물 **3** [예시 답안] 산, 강가, 밭에 있는 흙에서 식물이 잘 자란다.

2 산, 강가, 밭에 있는 흙에는 부식물이 많이 포함되어 있어 식물이 잘 자랄 수 있습니다.

문제로 개념 탄탄 45 쪽

핵심콕 ❶ 알갱이 ❷ 장소 ❸ 부식물
1 화단 흙 **2** ㉡
3 (1) ○ (2) ○ (3) ×

1 화단 흙은 대체로 운동장 흙보다 색깔이 어둡고, 알갱이의 크기가 작습니다. 촉감은 대체로 부드럽고, 나뭇가지나 나뭇잎 조각이 섞여 있기도 합니다.

2 화단 흙은 운동장 흙보다 나뭇가지, 나뭇잎 조각, 죽은 생물 등이 썩은 부식물이 많이 포함되어 있습니다. 따라서 화단 흙(㉡)이 운동장 흙(㉠)보다 물에 뜬 물질의 양이 더 많습니다.

3 (1) 운동장 흙과 화단 흙에 같은 양의 물을 붓고 약 3분 동안 빠진 물의 양을 비교하면 운동장 흙에서 빠진 물의 양이 더 많습니다. 따라서 운동장 흙은 대체로 화단 흙보다 물이 잘 빠진다는 것을 알 수 있습니다.
(2) 화단 흙에는 부식물이 많이 포함되어 있어 식물이 잘 자랍니다.
(3) 화단 흙에는 운동장 흙보다 나뭇가지, 나뭇잎 조각, 죽은 동물 등이 썩은 부식물이 많이 포함되어 있습니다.

2 흙의 생성 과정

스스로 확인해요 47 쪽

1 흙 **2** [예시 답안] 물이 들어 있는 유리병을 냉동실에 넣으면 물이 얼면서 유리병이 부서진다. 봉지 안에 각설탕을 넣고 흔들면 각설탕이 부서져 작아진다. 등

2 유리병에 들어 있는 물이 얼면서 유리병이 부서지는 것은 바위틈에 스며든 물이 얼어 바위가 부서지는 것과 비슷합니다.

문제로 개념 탄탄 48~49 쪽

핵심콕 ❶ 크기 ❷ 흙 ❸ 물 ❹ 나무뿌리
1 작아 **2** (1) ㉡ (2) ㉠ **3** 흙
4 ㉠ 물, ㉡ 나무뿌리
5 (1) ○ (2) × (3) ○ (4) ×

1 투명한 플라스틱 통을 흔들면 통 속의 과자가 서로 부딪쳐 부서지면서 과자의 크기가 작아지고 가루가 생깁니다.

2 투명한 플라스틱 통을 흔들기 전 과자의 모습은 바위나 돌과 비슷하고, 투명한 플라스틱 통을 흔든 후 크기가 작아진 과자의 모습은 흙과 비슷합니다.

3 바위나 돌이 물, 생물 등 다양한 원인에 의해 오랜 시간 동안 잘게 부서져 흙이 됩니다.

4 ㉠은 바위틈에 스며든 물이 얼면서 바위틈이 넓어진 모습입니다. ㉡은 바위틈에 들어간 나무뿌리가 자라면서 바위틈이 넓어진 모습입니다.

5 (1) 바위틈에 스며든 물이 얼고 녹기를 반복하면 바위틈이 넓어져 바위가 부서집니다.
(2) 바위틈에 들어간 나무뿌리가 자라면서 바위틈이 점점 넓어져 바위가 부서집니다.
(3) 물이나 나무뿌리 등에 의해 바위나 돌이 잘게 부서져 흙이 만들어집니다.
(4) 물이나 나무뿌리 등에 의해 바위가 부서지는 데는 오랜 시간이 걸립니다.

문제로 실력 쑥쑥

01 ㉠ 운동장 흙, ㉡ 화단 흙　　　**02** ㉠
03 [예시 답안] 같은 시간 동안 운동장 흙에서 빠져나온 물의 양이 더 많으므로 운동장 흙은 화단 흙보다 물이 더 잘 빠진다.　　**04** 화단 흙　　**05** ㉢
06 부식물　　**07** ③　　**08** (가)
09 흙　　**10** ㉠　　**11** ③, ⑤
12 [예시 답안] 바위틈에 스며든 물이 얼고 녹기를 반복하면서 바위틈이 넓어져 바위가 부서진다.

01 운동장 흙은 대체로 화단 흙보다 색깔이 밝고, 알갱이의 크기가 크며, 촉감이 거칩니다.

02 운동장 흙과 화단 흙에 동시에 같은 양의 물을 붓고 아래쪽의 비커에 모인 물의 양을 비교하면 대체로 운동장 흙 아래의 비커에 모인 물의 양이 더 많습니다. 따라서 ㉠은 운동장 흙, ㉡은 화단 흙입니다.

03 같은 시간 동안 운동장 흙에서 빠져나온 물의 양이 화단 흙에서 빠져나온 물의 양보다 많으므로 운동장 흙이 대체로 화단 흙보다 물이 더 잘 빠진다는 것을 알 수 있습니다.

채점 기준	
상	같은 시간 동안 빠져나온 물의 양을 이용하여 운동장 흙이 화단 흙보다 물이 더 잘 빠진다고 설명한 경우
중	운동장 흙이 화단 흙보다 물이 잘 빠진다고만 설명한 경우
하	운동장 흙에서 빠져나온 물의 양이 더 많다고만 설명한 경우

04

물에 뜬 물질이 거의 없어요.　　나뭇가지, 나뭇잎 조각, 죽은 생물 등이 썩은 부식물이 많이 떠 있어요.

운동장 흙과 화단 흙에 같은 양의 물을 붓고 유리 막대로 저은 뒤 잠시 놓아두면 화단 흙의 물에는 나뭇가지, 나뭇잎 조각, 죽은 동물 등이 썩은 부식물이 많이 떠 있는 것을 확인할 수 있습니다.

05 ㉢ 화단 흙에는 나뭇가지, 나뭇잎 조각, 죽은 생물이 썩은 부식물이 많이 포함되어 있습니다.

왜 틀린 답일까?
㉠ 운동장 흙과 화단 흙에 포함된 물질의 일부는 물 위로 뜨고, 나머지는 가라앉습니다.
㉡ 이 실험은 운동장 흙과 화단 흙에 포함된 물질을 확인하는 실험입니다.

06 부식물은 식물이 잘 자라는 데 도움을 줍니다. 따라서 화단 흙과 같이 식물이 잘 자라는 곳의 흙에는 부식물이 많이 포함되어 있습니다.

07 ① 운동장 흙은 대체로 화단 흙보다 색깔이 밝습니다.
② 운동장 흙은 대체로 화단 흙보다 물이 잘 빠집니다.
④ 운동장 흙은 대체로 화단 흙보다 알갱이의 크기가 큽니다.
⑤ 화단 흙에는 나뭇가지, 나뭇잎 조각, 죽은 생물 등이 썩은 부식물이 많이 포함되어 있습니다.

왜 틀린 답일까?
③ 화단 흙에는 부식물이 많이 포함되어 있어 운동장 흙보다 식물이 잘 자랍니다.

08 (가): 플라스틱 통을 흔들면 과자의 크기가 작아지고 가루가 생깁니다.

왜 틀린 답일까?
(나): 이 실험은 과자의 모습 변화를 통해 흙이 만들어지는 과정을 알아보는 실험입니다.
(다): 플라스틱 통을 흔들면 과자의 크기가 작아지고 모양이 변합니다.

09 플라스틱 통을 흔들면 과자가 서로 부딪쳐 부서집니다. 이렇게 크기가 작아진 과자는 바위나 돌이 부서져 만들어지는 흙과 비슷합니다.

10 ㉡ 바위나 돌이 물, 나무뿌리 등 다양한 원인에 의해 잘게 부서져 흙이 만들어집니다.
㉢ 바위나 돌이 잘게 부서져 흙이 만들어지는 데는 오랜 시간이 걸립니다.

왜 틀린 답일까?
㉠ 바위나 돌이 잘게 부서져 흙이 됩니다.

11 ③ 바위틈에 들어간 나무뿌리가 자라면서 바위틈이 넓어져 바위가 부서집니다.
⑤ 나무뿌리가 바위틈을 넓혀 바위가 잘게 부서지면 흙이 만들어집니다.

왜 틀린 답일까?
①, ② 나무뿌리에 의해 바위가 부서지는 과정입니다.
④ 바위틈에서 나무뿌리가 자라면서 바위틈이 점점 넓어집니다.

12 바위틈에 스며든 물이 얼면 바위틈이 넓어집니다. 물이 얼고 녹기를 반복하면서 바위틈이 점점 넓어져 바위가 부서집니다.

채점 기준	
상	바위틈에 스며든 물이 얼고 녹기를 반복하면서 바위틈이 넓어져 바위가 부서진다고 설명한 경우
중	물에 의해 바위틈이 넓어져 바위가 부서진다고 설명한 경우
하	물에 의해서 바위가 부서진다고만 설명한 경우

❷ 물에 의한 지표 변화

1 흐르는 물에 의한 지표 변화

스스로 확인해요 52 쪽

1 물 **2** 예시 답안 운동장에 생기는 물길은 빗물에 의한 침식 작용으로 만들어진다.

2 흐르는 물에 의해 지표의 바위나 돌, 흙 등이 깎이는 것을 침식 작용이라고 합니다. 비가 올 때 운동장의 흙이 빗물에 의해 깎이는 침식 작용이 일어나면서 운동장에 물길이 생기기도 합니다.

문제로 개념 탄탄 53 쪽

핵심톡 ❶ 아래 ❷ 퇴적
1 위쪽 **2** 위쪽에서 아래쪽
3 (1) ○ (2) × (3) ×

1 흐르는 물은 흙 언덕의 위쪽의 흙을 깎아서 흙 언덕의 아래쪽으로 옮겨 쌓습니다. 따라서 흙 언덕의 위쪽은 흙이 많이 깎이고, 흙 언덕의 아래쪽은 흙이 흘러내려 쌓입니다.

2 흙 언덕의 위쪽에서 물을 흘려보내면 흙 언덕의 위쪽에 있던 색 모래가 흐르는 물과 함께 흙 언덕의 아래쪽으로 이동합니다.

3 (1) 흐르는 물에 의해 깎여서 운반된 돌이나 흙 등이 쌓이는 것을 퇴적 작용이라고 합니다.

(2) 흐르는 물에 의해 깎인 돌, 흙 등이 옮겨지는 것을 운반 작용이라고 합니다.
(3) 흐르는 물에 의해 지표의 바위나 돌, 흙 등이 깎이는 것을 침식 작용이라고 합니다.

2~3 강 주변 지형의 특징 / 바닷가 주변 지형의 특징

스스로 확인해요 55 쪽

1 퇴적 **2** 예시 답안 강 하류에서는 강물에 의한 퇴적 작용이 침식 작용보다 활발하게 일어난다. 따라서 강 하류에는 강물에 의해 운반된 모래가 많이 쌓인다.

2 강의 어디에서나 강물에 의한 침식 작용과 퇴적 작용이 일어나지만, 강의 하류에서는 강물에 의한 퇴적 작용이 침식 작용보다 활발하게 일어납니다. 따라서 강 하류에는 강물에 의해 운반된 모래나 고운 흙이 많이 쌓이게 됩니다.

스스로 확인해요 55 쪽

1 침식 **2** 예시 답안 바닷물에 의한 침식 작용으로 절벽이 깎여 위쪽이 무너지고 기둥만 남는다.

2 바닷가 절벽에 생긴 동굴이 바닷물에 의한 침식 작용으로 점점 깊게 깎이면 위쪽이 무너지면서 기둥만 남게 될 수 있습니다.

문제로 개념 탄탄 56~57 쪽

핵심톡 ❶ 침식 ❷ 퇴적 ❸ 동굴 ❹ 갯벌
1 ㉠ 강 상류, ㉡ 강 하류 **2** (1) ㉡, ㉢ (2) ㉠, ㉣
3 (1) ○ (2) ○ (3) × **4** 침식
5 갯벌, 모래사장 **6** (1) ○ (2) × (3) ×

1 강폭이 좁고 큰 바위가 많이 보이는 ㉠은 강 상류이고, 강폭이 넓고 모래가 많이 쌓여 있는 ㉡은 강 하류입니다.

2 (1) 강 상류는 강 하류보다 강폭이 좁고, 강의 경사가 급하며, 바위나 큰 돌이 많습니다.
(2) 강 하류는 강 상류보다 강폭이 넓고 강의 경사가 완만하며 모래나 고운 흙이 많이 쌓여 있습니다.

3 (1) 강 상류와 강 하류는 주로 일어나는 강물의 작용이 달라 지형의 특징이 다르게 나타납니다.
(2) 강 주변 지형은 강물에 의한 침식 작용, 운반 작용, 퇴적 작용으로 오랜 시간에 걸쳐 서서히 변합니다.
(3) 모래나 고운 흙이 많이 쌓이는 곳은 강물에 의한 퇴적 작용이 침식 작용보다 활발하게 일어나는 곳으로, 강 하류에 해당합니다.

4 바닷물에 의해 바위가 깎여 만들어진 가파른 절벽은 바닷물에 의한 침식 작용으로 만들어진 지형입니다.

5 바닷가 주변 지형 중 동굴과 절벽은 바닷물의 침식 작용으로 만들어진 지형이고, 갯벌과 모래사장은 바닷물의 퇴적 작용으로 만들어진 지형입니다.

6 (1) 바닷물의 작용으로 바닷가 주변에 절벽, 동굴, 갯벌, 모래사장 등 다양한 지형이 만들어집니다.
(2) 바닷가 주변의 절벽이나 동굴 등은 매우 오랜 시간 동안 만들어집니다.
(3) 바닷가 주변 지형은 바닷물에 의한 침식 작용과 운반 작용 그리고 퇴적 작용으로 오랜 시간에 걸쳐 만들어집니다.

문제로 실력 쑥쑥 58~59 쪽

01 ㉢　　　02 ㉠ 위쪽, ㉡ 아래쪽
03 **예시 답안** 흐르는 물이 흙 언덕 위쪽의 흙을 깎아서 흙 언덕의 아래쪽으로 옮겨 쌓기 때문이다.　04 물
05 ③　　　06 ④　　　07 (나)
08 ㉢　　　09 침식　　　10 ②, ⑤
11 **예시 답안** 모래사장은 바닷물에 의한 퇴적 작용으로 모래가 넓게 쌓여 만들어진다.　12 (다)

01 ㉢ 흙 언덕에 물을 흘려보내면 색 모래는 흙 언덕의 위쪽에서 아래쪽으로 이동합니다.

왜 틀린 답일까?

㉠, ㉡ 색 모래는 흐르는 물과 함께 흙 언덕의 위쪽에서 아래쪽으로 이동합니다.

02 흙 언덕에 물을 흘려보내면 흙 언덕의 위쪽은 흙이 많이 깎이고, 흙 언덕의 아래쪽은 흙이 흘러내려와 쌓이면서 흙 언덕의 모습이 변합니다.

03 흙 언덕에 물을 흘려보내면 흐르는 물이 흙 언덕 위쪽의 흙을 깎아서 흙 언덕의 아래쪽으로 옮겨 쌓으므로 흙 언덕의 모습이 변합니다.

채점 기준	
상	흐르는 물이 흙 언덕 위쪽의 흙을 깎아 아래쪽에 쌓는다고 설명한 경우
중	흐르는 물에 의해 흙 언덕이 깎이는 곳과 쌓이는 곳이 있다고 설명한 경우
하	흐르는 물에 의해 흙 언덕의 모습이 변한다고 설명한 경우

04 흐르는 물은 침식 작용, 운반 작용, 퇴적 작용으로 지표의 모습을 계속해서 변화시킵니다.

05 흐르는 물에 의해 지표의 바위나 돌, 흙 등이 깎이는 것을 침식 작용이라고 합니다. 깎인 돌, 흙 등이 옮겨지는 것을 운반 작용이라고 합니다. 깎여서 운반된 돌이나 흙 등이 쌓이는 것을 퇴적 작용이라고 합니다.

06 ① 강 상류는 강 하류보다 강폭이 좁고, 강 하류는 강 상류보다 강폭이 넓습니다.
② 강 상류는 강 하류보다 강의 경사가 급하고, 강 하류는 강 상류보다 강의 경사가 완만합니다.
③ 강 상류와 강 하류는 주로 일어나는 강물의 작용이 달라 지형의 특징이 다릅니다.
⑤ 강 주변 지형은 강물의 침식 작용, 운반 작용, 퇴적 작용으로 오랜 시간에 걸쳐 서서히 변합니다.

왜 틀린 답일까?

④ 강 상류는 바위나 큰 돌이 많고, 강 하류는 모래나 고운 흙이 많이 쌓여 있습니다.

07

(가) 강 상류: 강의 위쪽 부분
(나) 강 하류: 강의 아래쪽 부분

⊙로 표시한 곳은 강 하류이므로 강폭이 넓고, 모래나 고운 흙이 많이 쌓여 있는 (나)의 모습을 볼 수 있습니다.

08 ㉢ (가)는 강 상류이고, (나)는 강 하류의 모습입니다. 강 하류에서는 퇴적 작용이 침식 작용보다 활발하게 일어납니다. 강 상류에서는 침식 작용이 퇴적 작용보다 활발하게 일어납니다.

왜 틀린 답일까?

㉠ 강 상류는 강 하류보다 강폭이 좁고 강의 경사가 급하며 바위나 큰 돌이 많습니다. 강 하류는 강 상류보다 강폭이 넓고 강의 경사가 완만하며 모래가 많습니다.

㉡ 강 상류는 강 하류보다 강의 경사가 더 급합니다.

09 바닷가의 절벽은 바닷물에 의해 바위가 깎여 만들어지고 바닷가의 동굴은 바닷물에 의해 절벽이 깎여 커다란 구멍이 생겨 만들어집니다. 바닷가의 절벽이나 동굴은 바닷물에 의한 침식 작용으로 만들어집니다. 따라서 이 지형들을 볼 수 있는 곳에서는 바닷물의 침식 작용이 활발하게 일어납니다.

10 ②, ⑤ 이 지형은 갯벌입니다. 갯벌은 바닷물에 의해 운반된 가는 모래나 고운 흙이 넓게 쌓인 것으로, 바닷물에 의한 퇴적 작용으로 만들어집니다.

왜 틀린 답일까?

① 갯벌은 바닷물에 의한 퇴적 작용으로 만들어집니다. 바닷물에 의한 침식 작용으로 만들어지는 지형은 절벽이나 동굴입니다.

③ 갯벌은 바닷물에 의해 운반된 고운 흙이나 모래가 쌓여 만들어집니다.

④ 바닷물에 의해 절벽이 깎여 구멍이 생기면 동굴이 만들어집니다.

11 모래사장은 바닷물에 의해 운반된 모래가 바닷물의 퇴적 작용으로 넓게 쌓여 만들어집니다.

채점 기준	
상	바닷물에 의한 퇴적 작용으로 모래가 쌓여 만들어졌다고 설명한 경우
중	바닷물에 의해 모래가 쌓여 만들어졌다고 설명한 경우
하	바닷물에 의해 모래가 옮겨져 만들어졌다고 설명한 경우

12 (다): 바닷물이 모래나 고운 흙을 운반하고 쌓는 퇴적 작용으로 바닷가 주변에 갯벌이나 모래사장이 만들어집니다.

왜 틀린 답일까?

(가): 바닷물에 의한 침식 작용으로 바위나 절벽이 깎여 바닷가 주변에 절벽이나 동굴이 만들어집니다.

(나): 갯벌과 모래사장은 바닷물에 의한 퇴적 작용으로 만들어집니다.

---

01 (다)	**02** ㉡
03 ㉠ 운동장 흙, ㉡ 화단 흙	**04** ③
05 ③	**06** ㉢ **07** ①
08 ㉢	**09** ㉡ **10** ㉡
11 ⑤	**12** ①, ④

서술형 문제

13 **예시 답안** 화단 흙, 화단 흙은 대체로 운동장 흙보다 물이 잘 빠지지 않기 때문에 비커에 물이 적게 모인다.

14 **예시 답안** 나뭇가지, 나뭇잎 조각, 죽은 동물 등이 썩은 부식물로, 식물이 자라는 데 도움을 준다.

15 **예시 답안** 바위나 돌이 물, 나무뿌리 등에 의해 오랜 시간 동안 잘게 부서져 흙이 만들어진다.

16 **예시 답안** 흐르는 물이 흙 언덕 위쪽의 흙을 깎아 아래쪽으로 옮겨 쌓으므로 흙 언덕 아래쪽에 흘러내린 흙이 많이 쌓인다.

17 **예시 답안** 강 상류에서는 강물에 의한 침식 작용이 퇴적 작용보다 활발하게 일어나고, 강 하류에서는 강물에 의한 퇴적 작용이 침식 작용보다 활발하게 일어나기 때문이다.

18 **예시 답안** 바닷가 주변 지형은 바닷물에 의한 침식 작용과 운반 작용 그리고 퇴적 작용으로 오랜 시간에 걸쳐 만들어진다.

01 (다): 화단 흙을 손으로 만지면 대체로 운동장 흙보다 부드러운 느낌이 듭니다.

왜 틀린 답일까?

(가), (나): 운동장 흙은 대체로 화단 흙보다 알갱이의 크기가 크고 색깔이 밝습니다.

02 ㉠, ㉢ 운동장 흙과 화단 흙에 같은 양의 물을 동시에 부었을 때 같은 시간 동안 비커에 모인 물의 양이 많을수록 물이 잘 빠지는 흙입니다.

왜 틀린 답일까?

㉡ 운동장 흙과 화단 흙의 물 빠짐을 비교하기 위해서는 운동장 흙과 화단 흙의 양과 운동장 흙과 화단 흙에 붓는 물의 양을 같게 하고, 물을 동시에 부어야 합니다.

03 운동장 흙은 대체로 화단 흙보다 물이 잘 빠지므로 물이 더 많이 모인 ㉠은 운동장 흙, 물이 더 적게 모인 ㉡은 화단 흙입니다.

운동장 흙에서 빠진 물의 양   화단 흙에서 빠진 물의 양

04 ③ 운동장 흙과 화단 흙의 물에 뜬 물질의 양을 비교해 보면, 부식물은 운동장 흙인 ㉠보다 화단 흙인 ㉡에 더 많이 포함되어 있습니다.

왜 틀린 답일까?

① ㉠은 운동장 흙입니다.

② ㉠보다 부식물이 더 많이 포함된 ㉡에서 식물이 더 잘 자랄 수 있습니다.

④ ㉡에 물에 뜨는 물질이 더 많이 포함되어 있습니다.

⑤ ㉠의 물에는 뜬 물질이 거의 없고, ㉡의 물에는 나뭇가지, 나뭇잎 조각, 죽은 동물 등이 썩은 부식물이 많이 떠 있습니다.

05 ①, ② 플라스틱 통을 흔들면 과자의 크기가 작아지며 모양이 변합니다.

④ 플라스틱 통을 흔든 뒤 크기가 작아지고 가루가 생긴 과자의 모습은 바위나 돌이 작게 부서져 만들어진 흙과 비슷합니다.

⑤ 이 실험은 과자가 부서져 크기가 작아지는 과정을 통해 자연에서 바위나 돌이 부서져 흙이 만들어지는 과정을 알아보는 실험입니다.

왜 틀린 답일까?

③ 플라스틱 통을 흔들면 과자가 서로 부딪쳐 부서지며 크기가 작아집니다.

06 ㉠ 바위나 돌이 물이나 식물 등에 의해 부서집니다.

㉡ 바위나 돌이 잘게 부서져서 흙이 만들어집니다.

왜 틀린 답일까?

㉢ 바위나 돌은 오랜 시간 동안 잘게 부서져 흙이 됩니다.

07 ㉠은 바위틈에 스며든 물이 얼면서 바위틈이 넓어져 바위가 부서지는 모습이고, ㉡은 바위틈에 들어간 나무뿌리가 자라면서 바위틈이 넓어져 바위가 부서지는 모습입니다.

08 ㉢ 흐르는 물은 흙 언덕의 위쪽의 흙을 깎아서 흙 언덕의 아래쪽으로 옮겨 쌓습니다.

왜 틀린 답일까?

㉠ 흙 언덕의 위쪽은 흙이 많이 깎이고, 흙 언덕의 아래쪽은 흙이 많이 쌓입니다.

㉡ 색 모래는 흐르는 물에 의해 흙 언덕의 위쪽에서 아래쪽으로 이동합니다.

09 ㉡ 흐르는 물에 의해 돌, 흙 등이 옮겨지는 것을 운반 작용이라고 합니다.

왜 틀린 답일까?

㉠ 흐르는 물에 의해 바위나 돌, 흙 등이 깎이는 것을 침식 작용이라고 합니다.

㉢ 흐르는 물에 의해 운반된 돌, 흙 등이 쌓이는 것을 퇴적 작용이라고 합니다.

10 (가)는 강 상류로, 강 하류인 (나)보다 강폭이 좁고 강의 경사가 급하며 바위나 큰 돌이 많습니다. 따라서 강 상류의 모습인 ㉡을 볼 수 있습니다.

11 ⑤ 강 하류에서는 퇴적 작용이 침식 작용보다 활발하게 일어납니다.

왜 틀린 답일까?

① 강 상류는 강 하류보다 강폭이 좁습니다.

② 강 상류에는 바위나 큰 돌이 많습니다.

③ 강 상류와 강 하류 모두 침식 작용과 퇴적 작용이 함께 일어납니다.

④ 강 하류는 강 상류보다 강의 경사가 완만합니다.

12 ①, ④ 갯벌과 모래사장은 바닷물에 의한 퇴적 작용으로 만들어진 지형입니다.

왜 틀린 답일까?

②, ③ 동굴과 절벽은 바닷물에 의한 침식 작용으로 만들어진 지형입니다.

13

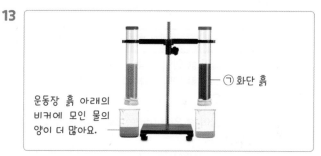

운동장 흙과 화단 흙에 같은 양의 물을 동시에 부었을 때 같은 시간 동안 비커에 모인 물의 양이 많을수록 물이 잘 빠지는 흙입니다. 화단 흙은 대체로 운동장 흙보다 물이 잘 빠지지 않으므로 비커에 모인 물의 양이 운동장 흙보다 적습니다.

채점 기준	
상	화단 흙을 쓰고, 화단 흙이 운동장 흙보다 물이 잘 빠지지 않는다고 설명한 경우
중	화단 흙을 쓰고, 화단 흙의 비커에 모인 물의 양이 더 적기 때문이라고 설명한 경우
하	화단 흙만 쓴 경우

14 화단 흙에 물을 부으면 나뭇가지, 나뭇잎 조각, 죽은 동물 등이 썩은 부식물이 많이 떠 있는 것을 관찰할 수 있습니다. 부식물은 식물이 자라는 데 도움을 줍니다. 따라서 부식물이 많이 포함된 화단 흙에서 식물이 잘 자랍니다.

바른답·알찬풀이

채점 기준	
상	물질의 종류를 부식물을 포함하여 설명하고, 식물이 자라는 데 도움을 준다고 설명한 경우
중	물에 뜬 물질이 식물이 자라는 데 도움을 준다고 설명한 경우
하	물질의 종류를 부식물을 포함하여 설명한 경우

15 흙은 바위나 돌이 물, 나무뿌리 등에 의해 오랜 시간 동안 잘게 부서져 만들어집니다.

채점 기준	
상	주어진 단어를 모두 사용하여 흙이 만들어지는 과정을 옳게 설명한 경우
중	주어진 단어 중 세 개만 사용하여 흙이 만들어지는 과정을 설명한 경우
하	바위나 돌이 부서져 흙이 만들어진다고만 설명한 경우

16 흙 언덕의 위쪽에서 물을 흘려보내면 흙 언덕의 위쪽은 흙이 많이 깎이고, 흙 언덕의 아래쪽은 흙이 많이 쌓입니다.

채점 기준	
상	흐르는 물이 흙 언덕 위쪽의 흙을 깎아 아래쪽으로 옮겨 쌓으므로 흙 언덕 아래쪽에 흙이 많이 쌓인다고 설명한 경우
중	흐르는 물이 흙 언덕 아래쪽으로 흙을 옮겨 쌓는다고 설명한 경우
하	흙 언덕 아래쪽에 흙이 쌓인다고 설명한 경우

17 강 상류와 강 하류 모두 강물에 의한 침식 작용과 퇴적 작용이 일어나지만, 더 활발하게 일어나는 작용이 달라 지형의 특징이 다르게 나타납니다.

채점 기준	
상	강 상류와 강 하류에서 각각 침식 작용과 퇴적 작용이 더 활발하게 일어나기 때문이라고 설명한 경우
중	강 상류에서 침식 작용이 더 활발하게 일어나기 때문이라고만 설명하거나 강 하류에서 퇴적 작용이 더 활발하게 일어나기 때문이라고만 설명한 경우
하	강 상류와 강 하류에서 주로 일어나는 강물의 작용이 다르다고만 설명한 경우

18 바닷가 주변에서는 바닷물에 의한 침식 작용으로 절벽, 동굴 같은 지형이 만들어지기도 하고 바닷물에 의한 퇴적 작용으로 갯벌, 모래사장 같은 지형이 만들어지기도 합니다.

채점 기준	
상	바닷물의 침식 작용, 운반 작용, 퇴적 작용을 모두 포함하여 바닷가 주변 지형이 만들어지는 과정을 설명한 경우
중	바닷물에 의해 바위나 절벽이 깎이거나 모래나 흙이 쌓인다고 설명한 경우
하	바닷물에 의해 만들어진다고만 설명한 경우

수행평가 1회

69 쪽

01 (1) ㉠ 운동장 흙, ㉡ 화단 흙 (2) 예시 답안 화단 흙, 부식물이 많이 포함된 흙에서 식물이 잘 자라기 때문이다.
02 (1) • ㉠ 예시 답안 흙이 많이 깎인다. • ㉡ 예시 답안 흙이 흘러내려 쌓인다. (2) 예시 답안 흐르는 물의 침식 작용으로 흙 언덕 위쪽의 흙이 깎이고, 흐르는 물의 운반 작용으로 깎인 흙이 운반되며, 흐르는 물의 퇴적 작용으로 흙 언덕 아래쪽에 흙이 쌓인다.

01 (1) 운동장 흙은 대체로 화단 흙보다 색깔이 밝고, 알갱이의 크기가 크며, 촉감이 거칩니다.

운동장 흙

화단 흙

> **만점 꿀팁** 운동장 흙과 화단 흙의 특징을 떠올려 표에서 색깔이 더 밝고, 알갱이의 크기가 크며, 촉감이 더 거친 흙을 찾아봐요.

(2) 부식물은 식물이 잘 자라도록 도와주기 때문에 부식물이 많이 포함된 흙에서 식물이 잘 자랍니다. 화단 흙은 운동장 흙보다 부식물이 많이 포함되어 있어 식물이 더 잘 자랍니다.

> **만점 꿀팁** 표에서 식물이 자라는 데 도움을 주는 물질, 즉 부식물이 더 많이 포함된 흙을 찾아봐요.

채점 기준	
상	화단 흙을 쓰고, 부식물이 많이 포함된 흙에서 식물이 잘 자란다고 설명한 경우
중	화단 흙은 쓰지 못했지만, 부식물이 많이 포함된 흙에서 식물이 잘 자란다고 설명한 경우
하	화단 흙만 쓴 경우

02 (1) 흙 언덕의 위쪽에서 물을 부으면 흙 언덕의 위쪽은 흙이 많이 깎이고, 흙 언덕의 아래쪽은 흙이 많이 흘러내려 쌓입니다. 색 모래는 흙 언덕의 위쪽에서 아래쪽으로 이동합니다.

> **만점 꿀팁** 흙 언덕에 물을 부었을 때 흙이 많이 깎이는 곳과 흙이 많이 쌓이는 곳이 어디인지 찾아봐요.

채점 기준	
상	㉠에서 흙이 깎이는 것과 ㉡에서 흙이 쌓이는 것을 모두 옳게 설명한 경우
중	㉠에서 흙이 깎이는 것 또는 ㉡에서 흙이 쌓이는 것 중 한 가지만 옳게 설명한 경우
하	㉠ 또는 ㉡에서 위에서 아래로 흙이 흘러내린다고 설명한 경우

(2) 흙 언덕에 물을 부었을 때 흙 언덕 위쪽의 흙이 깎이고 아래쪽으로 운반되어 쌓이는 것은 각각 흐르는 물의 침식 작용, 운반 작용, 퇴적 작용이라고 할 수 있습니다. 흙 언덕의 위쪽과 물이 흘러간 자리에 있던 흙이 깎이는 것은 침식 작용, 물이 흐르며 색 모래를 포함한 흙을 아래쪽으로 옮기는 것은 운반 작용, 흙 언덕의 아래쪽에 흙이 쌓이는 것은 퇴적 작용에 해당합니다.

> **만점 꿀팁** 흐르는 물의 침식 작용, 운반 작용, 퇴적 작용의 뜻을 떠올리면 흙 언덕에서 흙이 깎이거나 운반되어 쌓이는 것이 각각 어디에서 일어나는지 알 수 있어요.

채점 기준	
상	흙 언덕에서 흙이 깎이고 운반되어 쌓이는 과정을 각각 침식 작용, 운반 작용, 퇴적 작용과 관련지어 설명한 경우
중	흙 언덕에서 흙이 깎이고 쌓이는 과정을 각각 침식 작용, 퇴적 작용과 관련지어 설명한 경우
하	흙 언덕에서 흙이 깎이는 과정을 침식 작용과 관련지어 설명하거나 흙이 쌓이는 과정을 퇴적 작용과 관련지어 설명한 경우

단원 평가 2회

01 ③	02 ③	03 (나)
04 ㉢	05 ㉠	
06 ㉠ 바위나 돌, ㉡ 흙		07 ㉢
08 ②	09 ⑤	10 ③, ⑤
11 ㉡	12 ②	

서술형 문제

13 예시 답안 운동장 흙이 화단 흙보다 알갱이의 크기가 크다.

14 예시 답안 바위틈에 스며든 물이 얼고 녹기를 반복하며 바위가 부서진다. 바위틈에 들어간 나무뿌리가 자라며 바위가 부서진다.

15 예시 답안 (가), 흐르는 물에 의해 돌이나 흙이 높은 곳에서 낮은 곳으로 운반돼.

16 예시 답안 운동장에 생기는 물길은 빗물에 의한 침식 작용으로 만들어진다.

17 예시 답안 강 하류, 강 하류에서는 강물에 의한 퇴적 작용이 침식 작용보다 활발하게 일어나기 때문이다.

18 예시 답안 갯벌은 바닷물에 의한 퇴적 작용으로 고운 흙이나 모래가 넓게 쌓여 만들어진다.

01 ① 화단 흙은 운동장 흙보다 대체로 색깔이 어둡습니다.
② 화단 흙을 손으로 만지면 부드러운 느낌이 납니다.
④ 화단 흙은 운동장 흙보다 대체로 알갱이의 크기가 작습니다.
⑤ 화단 흙 속에는 나뭇가지, 나뭇잎 조각 등이 섞여 있습니다.

> **왜 틀린 답일까?**
③ 화단 흙에는 나뭇가지나 나뭇잎 조각 등이 썩은 부식물이 많이 포함되어 있습니다.

02 ③ ㉠은 대체로 ㉡보다 물이 잘 빠집니다.

> **왜 틀린 답일까?**
①, ② ㉠은 운동장 흙이고, ㉡은 화단 흙입니다.
④ ㉠은 대체로 ㉡보다 알갱이의 크기가 큽니다.
⑤ 두 흙에 동시에 물을 붓고 같은 시간이 지난 후 비커에 모인 물이 많을수록 물이 잘 빠지는 흙입니다. 즉, 이 실험에서 ㉠이 ㉡보다 물이 잘 빠집니다.

03 (가)보다 (나)의 흙에 부식물이 더 많이 포함되어 있으므로 (나)의 흙에서 식물이 더 잘 자랄 수 있습니다.

04 ㉢ (가)보다 (나)의 물에 뜬 물질이 더 많으므로 (가)보다 (나)의 흙에 부식물이 더 많이 포함되어 있습니다.

왜 틀린 답일까?
㉠ 물에 뜬 물질의 양이 많은 (나)에 넣은 흙은 화단 흙입니다.
㉢ (나)의 물에 뜬 물질은 나뭇가지, 나뭇잎 조각, 죽은 생물 등이 썩은 부식물입니다.

05 ㉠ (나)에서 과자들은 서로 부딪쳐 부서지며 크기가 작아집니다.

왜 틀린 답일까?
㉢ (가)와 (다)에서 관찰한 과자의 모양은 서로 다릅니다.
㉣ (다)에서 관찰한 과자는 (가)보다 크기가 작고, 가루가 생긴 모습입니다.

06 투명한 플라스틱 통을 흔들면 과자들이 부서지며 크기가 작아지는 것처럼 자연에서는 바위나 돌이 잘게 부서져 흙이 됩니다.

07 ㉢ 바위틈에 들어간 나무뿌리가 자라면서 바위틈이 넓어져 바위가 부서집니다.

왜 틀린 답일까?
㉠ 물, 나무뿌리 등에 의해 바위가 오랜 시간 동안 잘게 부서져 흙이 만들어집니다.
㉢ 바위틈에 스며든 물이 얼면서 바위틈이 넓어져 바위가 부서집니다.

08

흙 언덕에 물을 흘려보내면 흙 언덕 위쪽은 흙이 많이 깎이고, 흙 언덕 아래쪽은 흙이 흘러내려와 쌓이며 흙 언덕의 모습이 변합니다.

09 흐르는 물은 흙 언덕 위쪽의 흙을 깎아서 흙 언덕 아래쪽으로 옮겨 쌓습니다.

10 ③ 강 상류는 강 하류보다 강의 경사가 급하고 바위나 큰 돌이 많습니다.
⑤ 강 상류에서는 침식 작용이 퇴적 작용보다 활발하게 일어나고, 강 하류에서는 퇴적 작용이 침식 작용보다 활발하게 일어납니다.

왜 틀린 답일까?
① 강 상류와 강 하류의 모습은 다릅니다.
② 강 상류는 강 하류보다 강폭이 좁습니다.
④ 강 하류에는 모래나 고운 흙이 많이 쌓여 있습니다.

11 바닷가 주변의 동굴은 바닷물에 의한 침식 작용으로 오랜 시간 동안 절벽이 깎여 구멍이 생겨 만들어집니다.

12 ② ㉠은 바닷물에 의한 침식 작용으로 바위가 깎여 만들어진 절벽입니다.

왜 틀린 답일까?
① ㉡은 모래가 넓게 쌓여 만들어진 모래사장입니다.
③, ④ 모래사장은 바닷물에 의한 퇴적 작용으로 운반된 모래가 넓게 쌓여 만들어집니다.
⑤ 대체로 절벽은 바닷물에 의한 침식 작용, 모래사장은 바닷물에 의한 퇴적 작용으로 만들어지는 지형입니다.

13 운동장 흙은 화단 흙보다 대체로 색깔이 밝고 알갱이의 크기가 크며 촉감이 거칩니다.

채점 기준	
상	운동장 흙이 화단 흙보다 알갱이의 크기가 크다고 설명한 경우
중	운동장 흙의 알갱이의 크기가 크다고만 설명한 경우

14 자연에서 바위는 물, 나무뿌리 등에 의해 바위틈이 넓어져 부서집니다.

채점 기준	
상	바위가 부서지는 과정을 두 가지 모두 옳게 설명한 경우
중	바위가 부서지는 과정을 한 가지만 옳게 설명한 경우

15 흐르는 물은 지표의 돌이나 흙을 깎고, 깎인 돌이나 흙을 높은 곳에서 낮은 곳으로 옮겨 쌓습니다.

채점 기준	
상	(가)를 쓰고, 흐르는 물에 의해 돌이나 흙이 높은 곳에서 낮은 곳으로 운반된다고 설명한 경우
중	(가)는 쓰지 못했지만, 흐르는 물에 의해 돌이나 흙이 높은 곳에서 낮은 곳으로 운반된다고 설명한 경우
하	(가)만 쓴 경우

16 운동장에 생기는 물길은 빗물의 침식 작용으로 운동장 표면이 깎여 만들어집니다.

채점 기준	
상	운동장에 생기는 물길은 빗물에 의한 침식 작용으로 만들어진 것이라고 옳게 설명한 경우
중	운동장에 생기는 물길은 흐르는 물에 의한 침식 작용으로 만들어진 것이라고 설명한 경우

17 강 하류에서는 강물에 의한 퇴적 작용이 침식 작용보다 활발하게 일어나 강물에 의해 운반된 모래나 고운 흙이 많이 쌓입니다.

채점 기준	
상	강 하류를 쓰고, 강 하류에서 퇴적 작용이 침식 작용보다 활발하게 일어난다고 설명한 경우
중	강 하류를 쓰고, 강물의 퇴적 작용이 일어나기 때문이라고 설명한 경우
하	강 하류만 쓴 경우

18 갯벌은 바닷물에 의한 퇴적 작용으로 만들어지는 지형입니다. 바닷물에 의해 운반된 가는 모래나 고운 흙이 바닷가 주변에 넓게 쌓여 갯벌이 만들어집니다.

채점 기준	
상	바닷물에 의한 퇴적 작용과 퇴적되는 물질을 포함하여 과정을 옳게 설명한 경우
중	바닷물에 의한 퇴적 작용으로 만들어진다고 설명한 경우
하	바닷물에 의해 흙이 쌓여서 만들어졌다고 설명한 경우

수행평가 2회 73 쪽

01 (1) 예시 답안 과자의 크기가 작아지고, 가루가 생겼다.
(2) 예시 답안 과자가 서로 부딪쳐 부서지는 것처럼 바위나 돌이 잘게 부서져 흙이 만들어진다.
02 (1) ㉠ 강 상류, ㉡ 강 하류 (2) 예시 답안 ㉠에서는 강물에 의한 침식 작용이 퇴적 작용보다 활발하게 일어나고, ㉡에서는 강물에 의한 퇴적 작용이 침식 작용보다 활발하게 일어난다.

01 (1) 이 실험에서 투명한 플라스틱 통을 흔들면 과자들이 부서지며 크기가 작아지고, 가루가 생깁니다.

만점 꿀팁 투명한 플라스틱 통을 흔들었을 때 과자들이 서로 부딪쳐 부서진다는 것을 떠올리면 과자의 크기나 모양이 어떻게 변하는지 설명할 수 있어요.

채점 기준	
상	과자의 크기와 모양이 변하는 것을 옳게 설명한 경우
중	과자의 크기가 작아진다는 것만 설명한 경우
하	과자가 부서진다고 설명한 경우

(2) 과자가 서로 부딪쳐 부서지는 것처럼 자연에서 물이나 나무뿌리 등에 의해 바위나 돌이 오랜 시간 동안 잘게 부서져 흙이 됩니다.

만점 꿀팁 투명한 플라스틱 통을 흔들기 전과 후 과자의 모습을 떠올리고, 이것이 자연에서 무엇과 비슷한지 생각해 보면 흙이 만들어지는 과정을 설명할 수 있어요.

채점 기준	
상	실험 결과와 관련지어 바위나 돌이 잘게 부서져 흙이 만들어진다고 설명한 경우
중	실험 결과에 대한 언급 없이 바위나 돌이 잘게 부서져 흙이 만들어진다고만 설명한 경우
하	바위나 돌이 흙이 된다고만 설명한 경우

02 (1) ㉡에 비해 강폭이 좁고 강의 경사가 급하며 바위나 큰 돌이 많은 ㉠은 강 상류입니다. ㉠에 비해 강폭이 넓고, 강의 경사가 완만하며 모래나 고운 흙이 많이 쌓여 있는 ㉡은 강 하류입니다.

만점 꿀팁 강 상류와 강 하류의 모습을 보며 강폭, 강의 경사를 비교해 보면 ㉠과 ㉡을 찾을 수 있어요.

(2) 강 상류와 강 하류에서 주로 일어나는 강물의 작용이 달라 지형의 특징이 다르게 나타납니다. 강 상류에서는 강물에 의한 침식 작용이 퇴적 작용보다 활발하게 일어나고, 강 하류에서는 강물에 의한 퇴적 작용이 침식 작용보다 활발하게 일어납니다.

만점 꿀팁 침식 작용과 퇴적 작용의 뜻을 떠올려 강 상류와 강 하류의 모습을 비교해 보면 각각 어떤 작용이 더 활발하게 일어나는지 설명할 수 있어요.

채점 기준	
상	㉠(강 상류)과 ㉡(강 하류)에서 더 활발하게 일어나는 강물의 작용을 모두 옳게 설명한 경우
중	㉠(강 상류) 또는 ㉡(강 하류)에서 더 활발하게 일어나는 강물의 작용을 옳게 설명한 경우
하	㉠, ㉡을 포함하지 않고 강 상류 또는 강 하류에서 더 활발하게 일어나는 강물의 작용만 설명한 경우

바른답·알찬풀이

3 물질의 상태

① 고체와 액체

1 고체의 성질

76 쪽

1 고체 **2** 예시 답안 모래와 같은 가루 물질도 고체이다. 그 까닭은 여러 가지 모양의 용기에 담아도 알갱이의 모양과 부피가 변하지 않기 때문이다.

2 모래와 같은 가루 물질을 여러 가지 모양의 용기에 담으면 가루 전체의 모양은 담는 용기에 따라 변하지만, 알갱이 하나하나의 모양과 부피는 변하지 않습니다. 따라서 가루 물질은 고체입니다.

77 쪽

핵심록 **①** 고체 **②** 고체
1 (1) 있다 (2) 있다 (3) 변하지 않는다 **2** 고체
3 (1) × (2) ○ (3) ×

1 나무 막대는 쌓을 수 있고, 손으로 잡을 수 있습니다. 또, 담는 용기가 바뀌어도 모양이 변하지 않습니다.

2 플라스틱 막대는 담는 용기가 바뀌어도 모양과 부피가 변하지 않는 고체입니다.

3 (1), (3) 고체는 눈으로 볼 수 있으며, 담는 용기가 바뀌어도 모양과 부피가 변하지 않습니다.
(2) 책상과 의자는 고체입니다.

2 액체의 성질

79 쪽

1 액체 **2** 예시 답안 꿀도 액체이다. 그 까닭은 담는 용기에 따라 모양은 변하지만 부피는 변하지 않고, 흐를 수 있기 때문이다.

2 꿀도 물이나 주스처럼 담는 용기에 따라 모양은 변하지만 부피는 변하지 않습니다. 따라서 꿀은 액체입니다.

80~81 쪽

핵심록 **①** 모양 **②** 부피 **③** 액체 **④** 액체
1 (1) ㉠ (2) ㉠ **2** 액체 **3** ②
4 물, 간장 **5** 물, 간장
6 의자, 나무 막대 **7** (1) × (2) ○ (3) ×

1 주스는 담는 용기에 따라 모양이 변하지만, 부피는 변하지 않습니다.

2 주스와 같이 담는 용기에 따라 모양은 변하지만 부피는 변하지 않는 물질의 상태는 액체입니다.

3 우유는 액체이고, 책상, 시계, 색연필은 고체입니다.

4 흐를 수 있는 것은 액체인 물과 간장의 성질입니다.

5 담는 용기에 따라 모양이 변하는 것은 액체인 물과 간장의 성질입니다.

6 담는 용기가 바뀌어도 모양과 부피가 변하지 않는 것은 고체인 의자와 나무 막대의 성질입니다.

7 (1) 식용유는 액체입니다.
(2) 액체는 눈으로 볼 수 있습니다.
(3) 액체는 담는 용기에 따라 모양은 변하지만 부피는 변하지 않습니다.

82~83 쪽

01 ㉠ 모양, ㉡ 상태 **02** ③ **03** ㉡
04 ④ **05** 예시 답안 (다), 고체는 담는 용기가 바뀌어도 모양이 변하지 않아. **06** ㉢
07 ㉢ **08** 예시 답안 주스의 높이는 처음 주스의 높이와 같다. **09** ③ **10** 액체
11 ㉠

01 고체는 담는 용기가 바뀌어도 모양과 부피가 변하지 않는 물질의 상태입니다.

02 ③ 나무 막대와 플라스틱 막대는 모두 고체입니다. 고체는 손으로 잡을 수 있습니다.

① 고체는 흐르지 않습니다.
② 고체는 눈으로 볼 수 있습니다.
④, ⑤ 고체는 담는 용기가 바뀌어도 모양과 부피가 변하지 않습니다.

03 플라스틱 막대는 고체입니다. 고체는 담는 용기가 바뀌어도 모양과 부피가 변하지 않습니다.

플라스틱 막대

04 색연필, 책상, 시계는 고체이고, 간장은 액체입니다.

05 고체는 담는 용기가 바뀌어도 모양과 부피가 변하지 않는 물질의 상태입니다. 의자와 책은 고체이고, 모래나 설탕 같은 가루 물질도 고체입니다.

채점 기준	
상	(다)를 쓰고, 잘못 말한 내용을 옳게 고쳐 설명한 경우
중	(다)만 쓴 경우

06 ⓒ 물은 액체입니다. 액체는 흐를 수 있고 눈으로 볼 수 있지만, 손으로 잡을 수 없습니다.

⊙, ⓛ 단단하고, 쌓을 수 있는 것은 나무 막대 같은 일부 고체가 갖는 성질입니다.

07

처음 주스의 높이
주스
주스는 흐를 수 있어요.
주스를 모양이 다른 용기에 옮겨 담으면 모양이 변해요.

⊙ 주스는 액체입니다.
ⓛ 액체는 흐를 수 있습니다.

ⓒ 액체는 담는 용기에 따라 모양이 변합니다.

08 주스와 같은 액체는 담는 용기에 따라 모양은 변하지만 부피는 변하지 않습니다. 따라서 주스를 처음 사용한 용기에 다시 옮겨 담으면 주스의 높이는 처음 주스의 높이와 같습니다.

채점 기준	
상	주스의 높이가 처음과 같다고 설명한 경우
중	'같다.'와 같이 간단하게 쓴 경우

09 우유는 액체입니다. 액체는 담는 용기에 따라 모양은 변하지만 부피는 변하지 않습니다.

10 담는 용기에 따라 모양은 변하지만 부피는 변하지 않는 물질의 상태는 액체입니다. 액체는 눈으로 볼 수 있지만, 손으로 잡을 수 없습니다.

11 식용유는 액체이고, 의자와 철 클립은 고체입니다.

❷ 기체

1 공기를 확인하는 방법

스스로 확인해요
84 쪽

1 공기 **2** 예시 답안 깃발이 휘날린다. 바람개비가 돌아간다. 나뭇가지가 흔들린다. 바람에 머리카락이 휘날린다. 등

2 공기는 눈에 보이지 않지만 깃발이 휘날리는 현상, 바람개비가 돌아가는 현상, 나뭇가지가 흔들리는 현상, 바람에 머리카락이 휘날리는 현상 등 다양한 현상을 통해 우리 주변에 공기가 있는 것을 알 수 있습니다.

문제로 개념 탄탄
85 쪽

핵심 꿀 ❶ 공기 ❷ 공기

1 공기 **2** ⓛ
3 (1) ◯ (2) ◯ (3) ✕

1 공기를 넣어 부풀린 풍선의 입구를 쥐었다가 놓을 때 풍선 속 공기가 빠져나오는 것을 느낄 수 있습니다.

2 바람개비가 돌아가는 것, 깃발이 휘날리는 것, 나뭇가지가 흔들리는 것 등으로 우리 주변에 공기가 있는 것을 알 수 있습니다.

3 바람에 머리카락이 휘날리는 것, 부채를 이용하여 바람을 일으키는 것으로 우리 주변에 공기가 있는 것을 알 수 있습니다.

4 (1), (2) 실험 결과 페트병 속 공기가 비닐장갑 속으로 이동하여 비닐장갑이 부풀어 오릅니다.
(3) 실험 결과를 통해 공기가 공간을 이동할 수 있다는 사실을 알 수 있습니다.

5 주스는 액체, 의자는 고체이고, 축구공 속 공기와 풍선 미끄럼틀 속 공기는 기체입니다.

2 기체의 성질

스스로 확인해요
87 쪽

1 기체 　**2** 예시 답안 튜브, 공기베개, 구명조끼, 자동차 바퀴 타이어 등은 공기가 공간을 차지하며 공간을 이동할 수 있는 성질을 이용한 예이다.

2 우리 주변에는 튜브, 공기베개, 구명조끼, 자동차 바퀴 타이어 등 공기가 공간을 차지하며 공간을 이동할 수 있는 성질을 이용한 생활용품이나 장치가 많이 있습니다.

문제로 개념 탄탄
88~89 쪽

핵심 콕 ❶ 공간　❷ 기체　❸ 풍선　❹ 손　❺ 공기

1 ㉠　**2** 공기　**3** 기체
4 (1) × (2) ○ (3) ○　**5** ③, ④

1 아랫부분이 잘린 페트병의 뚜껑을 닫고 페트병으로 탁구공을 덮어 수조 바닥까지 밀어 넣으면 페트병 속 공기가 공간을 차지하고 있기 때문에 물을 밀어냅니다. 따라서 탁구공이 수조 바닥으로 가라앉습니다.

2 페트병 속 공기가 공간을 차지하고 있기 때문에 물을 밀어냅니다. 따라서 탁구공이 수조 바닥으로 가라앉고, 수조 안 물의 높이가 처음보다 높아집니다.

3 기체는 담는 용기에 따라 모양이 변하고, 공간을 차지하며, 공간을 이동할 수 있습니다. 기체는 공기처럼 대부분 눈에 보이지 않고, 손으로 잡을 수 없습니다.

3 기체의 무게

스스로 확인해요
90 쪽

1 있습니다　**2** 예시 답안 쭈글쭈글한 물놀이 공에 공기를 가득 넣으면 물놀이 공의 무게가 늘어난다.

2 공기에 무게가 있기 때문에 공기가 빠져 쭈글쭈글한 물놀이 공에 공기를 가득 넣으면 물놀이 공의 무게가 늘어납니다.

문제로 개념 탄탄
91 쪽

핵심 콕 ❶ 무게　❷ 무게

1 (1) ○ (2) ○ (3) ×　**2** 무겁다
3 (1) 공기를 넣은 후의 고무보트 (2) 공기를 넣은 후의 풍선

1 (1) 페트병에는 공기가 들어 있습니다.
(2), (3) 공기 주입 마개를 여러 번 누르면 페트병 속에 공기가 들어가므로 페트병이 팽팽해집니다.

2 공기에는 무게가 있으므로 공기 주입 마개로 페트병에 공기를 넣기 전보다 넣은 후의 페트병의 무게가 더 무겁습니다.

3 공기에는 무게가 있으므로 공기를 넣기 전의 고무보트보다 공기를 넣은 후의 고무보트가 더 무겁고, 공기를 넣기 전의 풍선보다 공기를 넣은 후의 풍선이 더 무겁습니다.

❸ 물질의 상태에 따른 분류

1 우리 주변의 물질 분류하기

핵심 큐 ❶ 상태 ❷ 액체 ❸ 기체

1 (1) ⓛ (2) ㉠ (3) ㉢

2 (1) 선물 상자 (2) 식용유 (3) 축구공 속 공기

1 오렌지주스는 액체, 장난감 블록은 고체, 풍선 속 공기는 기체입니다.

2 식용유는 액체, 선물 상자는 고체, 축구공 속 공기는 기체입니다.

01 공기   **02** 공간

03 예시답안 탁구공이 위로 올라오고, 수조 안 물의 높이는 처음 물의 높이와 같아진다.   **04** ④

05 ㉢   **06** ⑤   **07** 공기

08 ⓛ   **09** 예시답안 공기에 무게가 있기 때문이다.   **10** (1) 장난감 블록, 접시

(2) 오렌지주스, 우유 (3) 풍선 속 공기   **11** ③

01 깃발이 휘날리는 것, 부채를 이용하여 바람을 일으키는 것을 통해 우리 주변에 공기가 있는 것을 알 수 있습니다.

02 페트병 속 공기가 공간을 차지하고 있어 물을 밀어내므로 탁구공이 수조 바닥으로 가라앉고, 수조 안 물의 높이가 처음보다 높아집니다.

03 페트병의 뚜껑을 열면 페트병 속 공기가 빠져나가고 물이 페트병 속으로 들어옵니다. 따라서 탁구공이 위로 올라오고, 수조 안 물의 높이는 처음 물의 높이와 같아집니다.

채점 기준	
상	탁구공의 위치와 수조 안 물의 높이를 모두 옳게 설명한 경우
중	둘 중 한 가지만 옳게 설명한 경우

04

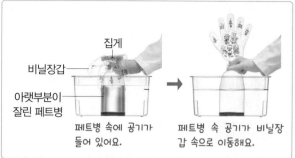

집게를 빼면 페트병 속 공기가 비닐장갑 속으로 이동하기 때문에 비닐장갑이 부풀어 오릅니다.

05 ㉢ 페트병 속 공기가 비닐장갑 속으로 이동하여 비닐장갑이 부풀어 오르므로 기체가 공간을 차지하며 공간을 이동할 수 있다는 것을 알 수 있습니다.

왜 틀린 답일까?

㉠ 단단한 것은 기체의 성질이 아닙니다.

ⓛ 기체를 손으로 잡을 수 없는 것은 이 실험으로 알 수 없습니다.

06 ①, ③ 기체는 공간을 차지하며, 공간을 이동할 수 있습니다.

② 기체는 손으로 잡을 수 없습니다.

④ 기체는 담긴 용기를 가득 채웁니다.

왜 틀린 답일까?

⑤ 기체는 담는 용기에 따라 모양이 변합니다.

07 공기 침대, 바람 인형, 풍선 미끄럼틀은 우리 주변에서 공기를 이용하는 예입니다.

08 공기는 무게가 있으므로 공기 주입 마개로 페트병에 공기를 넣기 전보다 넣은 후의 페트병의 무게가 더 무겁습니다. 따라서 공기 주입 마개를 눌러 공기를 넣은 페트병의 무게는 49.4 g보다 무겁습니다.

09 공기에 무게가 있기 때문에 고무보트에 공기를 넣으면 공기를 넣기 전보다 무겁게 느껴집니다.

채점 기준	
상	공기에 무게가 있기 때문이라고 설명한 경우
중	공기를 넣었기 때문이라고 설명한 경우

10 오렌지주스와 우유는 액체, 풍선 속 공기는 기체, 장난감 블록과 접시는 고체입니다.

11 책과 시계는 고체, 간장과 식용유는 액체, 축구공 속 공기는 기체입니다.

바른답·알찬풀이

01 ④	**02** 고체	**03** ⓒ
04 ①, ⑤	**05** ③	**06** 액체
07 ⑤	**08** ⊙	**09** (나)
10 기체	**11** ⊙	**12** 접시

서술형 문제

13 예시 답안 플라스틱 막대의 모양과 부피는 변하지 않는다.

14 예시 답안 고체, 담는 용기가 바뀌어도 모양과 부피가 변하지 않기 때문이다.

15 예시 답안 액체는 담는 용기에 따라 모양이 변하지만 부피는 변하지 않는다.

16 예시 답안 공기, 페트병 속 공기가 공간을 차지하고 있어 물을 밀어내기 때문이다.

17 예시 답안 페트병 속 공기가 비닐장갑 속으로 이동하였기 때문이다.

18 예시 답안 공기를 넣은 후의 풍선이 더 무겁다. 공기에 무게가 있기 때문이다.

01 ①, ②, ③ 플라스틱 막대는 쌓을 수 있고, 눈으로 볼 수 있으며, 손으로 잡을 수 있습니다.
⑤ 플라스틱 막대와 같은 고체는 담는 용기가 바뀌어도 부피가 변하지 않습니다.

왜 틀린 답일까?
④ 고체는 담는 용기가 바뀌어도 모양이 변하지 않습니다.

02 (가)는 담는 용기가 바뀌어도 모양과 부피가 변하지 않으므로 고체입니다.

03 주스는 액체, 시계는 고체, 축구공 속 공기는 기체입니다. 따라서 (가)와 물질의 상태가 같은 것은 시계입니다.

04 물은 액체입니다. 액체를 여러 가지 모양의 용기에 옮겨 담으면 액체의 모양은 변하고 부피는 변하지 않습니다.

05 우유, 간장, 식용유는 액체이므로 물처럼 담는 용기에 따라 모양은 변하지만 부피는 변하지 않습니다. 색연필은 고체이므로 여러 가지 모양의 용기에 옮겨 담아도 모양과 부피가 변하지 않습니다.

06 액체는 눈으로 볼 수 있지만, 손으로 잡을 수 없습니다. 액체는 담는 용기에 따라 모양은 변하지만, 부피는 변하지 않습니다.

07 ①, ②, ③, ④ 깃발이 휘날리는 것, 바람개비가 돌아가는 것, 바람에 머리카락이 휘날리는 것, 부채를 이용하여 바람을 일으키는 것 등으로 우리 주변에 공기가 있는 것을 알 수 있습니다.

왜 틀린 답일까?
⑤ 유리컵을 바닥에 떨어뜨리면 깨지는 것은 우리 주변에 공기가 있는 것과 직접적인 관련이 없습니다.

08 ⊙ 페트병 속 공기가 공간을 차지하고 있기 때문에 물을 밀어내어 탁구공이 수조 바닥으로 가라앉습니다.

왜 틀린 답일까?
ⓒ 페트병 속 공기가 공간을 차지하고 있기 때문에 페트병 속으로 물이 들어오지 못합니다.
ⓒ 페트병의 뚜껑을 열면 페트병 속 공기가 빠져나가고 페트병 속으로 물이 들어오므로 탁구공이 떠오릅니다.

09 (나): 기체는 공간을 차지하며 공간을 이동할 수 있습니다.

왜 틀린 답일까?
(가): 기체는 대부분 눈에 보이지 않고, 손으로 잡을 수 없습니다.
(다): 기체는 담는 용기에 따라 모양이 변합니다.

10 풍선과 공기 침대에는 모두 기체인 공기가 들어 있습니다.

11

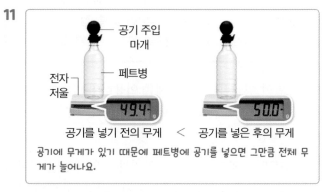

공기에 무게가 있기 때문에 페트병에 공기를 넣으면 그만큼 전체 무게가 늘어나요.

페트병에 공기를 넣기 전보다 넣은 후의 무게가 더 무거우므로 공기에 무게가 있다는 것을 알 수 있습니다.

12 의자, 고깔모자, 접시는 고체, 딸기주스는 액체, 비눗방울 속 공기는 기체입니다. 따라서 분류가 잘못된 것은 접시입니다.

고체			액체	기체
의자	고깔모자	접시	딸기주스	비눗방울 속 공기

13 플라스틱 막대와 같은 고체는 담는 용기가 바뀌어도 모양과 부피가 변하지 않습니다.

채점 기준	
상	모양과 부피가 변하지 않는다고 옳게 설명한 경우
중	모양과 부피 중 한 가지만 변하지 않는다고 설명한 경우

14 장난감 블록은 담는 용기가 바뀌어도 모양과 부피가 변하지 않는 고체입니다.

채점 기준	
상	고체라고 쓰고, 그 까닭을 옳게 설명한 경우
중	고체라고만 쓴 경우

15 주스를 모양이 다른 용기에 옮겨 담으면 모양이 변하지만, 다시 처음에 사용한 용기에 담으면 주스의 높이는 처음 주스의 높이와 같습니다. 따라서 주스와 같은 액체는 담는 용기에 따라 모양이 변하지만 부피는 변하지 않는다는 것을 알 수 있습니다.

채점 기준	
상	액체는 담는 용기에 따라 모양이 변하지만 부피는 변하지 않는다고 옳게 설명한 경우
중	담는 용기에 따른 모양 변화와 부피 변화 중 한 가지만 옳게 설명한 경우

16 페트병 속 공기가 공간을 차지하고 있어 물을 밀어내므로 페트병 속에는 공기가 들어 있습니다.

채점 기준	
상	공기를 쓰고, 그 까닭을 옳게 설명한 경우
중	공기만 쓴 경우

17 집게를 빼면 페트병 속 공기가 비닐장갑 속으로 이동하여 비닐장갑이 부풀어 오릅니다.

채점 기준	
상	페트병 속 공기가 비닐장갑 속으로 이동하였기 때문이라고 옳게 설명한 경우
중	페트병 속 공기가 이동하였기 때문이라고 설명한 경우
하	비닐장갑에 공기가 들어갔기 때문이라고 설명한 경우

18 공기에 무게가 있으므로 풍선에 공기를 넣으면 그만큼 풍선이 더 무거워집니다. 따라서 공기를 넣은 후의 풍선이 공기를 넣기 전의 풍선보다 무겁습니다.

채점 기준	
상	공기를 넣은 후의 풍선이라고 쓰고, 그 까닭을 공기에 무게가 있기 때문이라고 설명한 경우
중	공기를 넣은 후의 풍선이라고 쓰고, 그 까닭을 공기를 넣었기 때문이라고 설명한 경우
하	공기를 넣은 후의 풍선만 쓴 경우

수행 평가 1회 105 쪽

01 (1) ㉠ 수조 바닥으로 가라앉는다, ㉡ 높아진다
(2) **예시 답안** 페트병 속 공기가 공간을 차지하고 있기 때문에 물을 밀어낸다. 따라서 탁구공이 수조 바닥으로 가라앉고, 수조 안 물의 높이가 높아진다.
02 (1) ㉠ 고체, ㉡ 액체, ㉢ 기체 (2) **예시 답안** 접시와 선물 상자는 고체로 ㉠에 속하고, 우유와 오렌지주스는 액체로 ㉡에 속하며, 풍선 속 공기와 축구공 속 공기는 기체로 ㉢에 속한다.

01 (1) 실험 결과 탁구공이 수조 바닥으로 가라앉고, 수조 안 물의 높이가 처음보다 높아집니다.

> **만점 꿀팁** 페트병을 밀어 넣기 전과 후를 비교하면 실험 결과를 설명할 수 있어요.

(2) 페트병 속 공기가 공간을 차지하고 있기 때문에 물을 밀어냅니다. 따라서 탁구공은 수조 바닥으로 가라앉고, 수조 안 물의 높이는 페트병 속 공기의 부피만큼 높아집니다.

> **만점 꿀팁** 페트병 속 공기가 공간을 차지하므로 페트병 속으로 물이 들어오지 않는다는 점을 생각해요.

채점 기준	
상	페트병 속 공기가 공간을 차지하여 물을 밀어내기 때문이라고 설명한 경우
중	페트병 속에 공기가 들어 있기 때문이라고 설명한 경우
하	페트병 속에 물이 들어오지 않기 때문이라고 설명한 경우

02 (1) 담는 용기가 바뀌어도 모양과 부피가 변하지 않는 물질의 상태는 고체입니다. 담는 용기에 따라 모양은 변하지만 부피는 변하지 않는 물질의 상태는 액체입니다. 담는 용기에 따라 모양이 변하고, 담긴 용기를 가득 채우는 물질의 상태는 기체입니다.

> **만점 꿀팁** 담는 용기가 바뀔 때 고체, 액체, 기체의 모양이나 부피가 어떻게 되는지 떠올려 보아요.

(2) 접시와 선물 상자는 고체, 우유와 오렌지주스는 액체, 풍선 속 공기와 축구공 속 공기는 기체입니다.

> **만점 꿀팁** 주어진 물질의 성질과 ㉠~㉢의 성질을 비교하면 물질의 상태를 알 수 있어요.

채점 기준	
상	주어진 물질을 상태에 따라 모두 옳게 분류한 경우
중	한두 가지 물질을 잘못 분류한 경우
하	서너 가지 물질을 잘못 분류한 경우

단원평가 2회
106~108 쪽

01 고체　　**02** ③　　**03** ④
04 ㉠ 변하고, ㉡ 변하지 않는다　　**05** ③
06 ㉢　　**07** ㉠ 공기, ㉡ 공간
08 ㉡　　**09** ③, ④
10 ㉠ 액체, ㉡ 고체, ㉢ 기체　　**11** ⑤
12 (1) ㉡ (2) ㉠ (3) ㉢

서술형 문제

13 **예시 답안** 접시, 접시는 고체이므로 손으로 잡을 수 있기 때문이다.
14 **예시 답안** 흐를 수 있다. 눈으로 볼 수 있다. 손으로 잡을 수 없다. 담는 용기에 따라 모양은 변하지만 부피는 변하지 않는다. 등
15 **예시 답안** 기체는 공간을 차지한다. 기체는 공간을 이동할 수 있다. 등
16 **예시 답안** 공기 주입 마개를 누르면 페트병 밖의 공기가 페트병 속으로 이동하기 때문이다.
17 ・무게 비교: <　・까닭: **예시 답안** 공기에 무게가 있기 때문이다.
18 **예시 답안** 물질의 상태에 따라 고체, 액체, 기체로 분류하였다.

01 쌓을 수 있고, 손으로 잡을 수 있으며, 담는 용기가 바뀌어도 모양이 변하지 않는 물질은 고체입니다.

02 시계, 의자, 색연필은 고체이고, 식용유는 액체입니다.

03 나무 막대는 담는 용기가 바뀌어도 모양과 부피가 변하지 않으므로 고체입니다.

04

물과 같은 액체를 여러 가지 모양의 용기에 옮겨 담으면 모양이 변하지만, 부피는 변하지 않아요.

물은 액체입니다. 액체는 담는 용기가 바뀌면 모양이 변하지만, 부피는 변하지 않습니다.

05 주스와 같은 액체를 다른 용기에 옮겨 담을 때 액체가 흐르는 것을 알 수 있습니다.

06 ㉢ 공기를 넣어 부풀린 풍선의 입구를 쥐었다가 놓을 때 풍선 속 공기가 빠져나오는 것을 느낄 수 있습니다.

> **왜 틀린 답일까?**
> ㉠ 풍선 속 공기가 빠져나오면서 풍선이 작아집니다.
> ㉡ 풍선 속에 기체인 공기가 들어 있는 것을 알 수 있습니다.

07

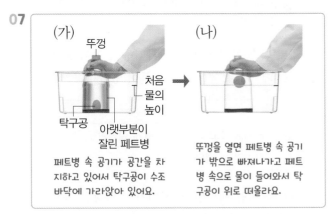

페트병 속 공기가 공간을 차지하고 있어서 탁구공이 수조 바닥에 가라앉아 있어요.

뚜껑을 열면 페트병 속 공기가 밖으로 빠져나가고 페트병 속으로 물이 들어와서 탁구공이 위로 떠올라요.

페트병 속 공기가 공간을 차지하고 있기 때문에 물을 밀어냅니다. 따라서 탁구공이 수조 바닥으로 가라앉고, 수조 안 물의 높이가 높아집니다.

08 페트병의 뚜껑을 열면 페트병 속 공기가 빠져나가고 물이 페트병 속으로 들어오기 때문에 탁구공이 위로 올라옵니다.

09 ③ 기체는 공간을 차지하며, 공간을 이동할 수 있습니다.
④ 기체는 담는 용기에 따라 모양이 변하며, 담긴 용기를 가득 채웁니다.

① 단단한 것은 기체의 성질이 아닙니다.
② 기체는 손으로 잡을 수 없습니다.
⑤ 기체는 담는 용기에 따라 모양이 변합니다.

10

㉠ 액체	㉡ 고체	㉢ 기체
물, 탄산음료	책, 장난감 블록	풍선 속 공기, 축구공 속 공기
눈으로 볼 수 있지만 손으로 잡을 수 없어요. 담는 용기에 따라 모양은 변하지만 부피는 변하지 않아요.	눈으로 볼 수 있고, 손으로 잡을 수 있어요. 담는 용기가 바뀌어도 모양과 부피가 변하지 않아요.	대부분 눈에 보이지 않고 손으로 잡을 수 없지만, 무게가 있어요. 공간을 차지하며, 공간을 이동할 수 있어요.

㉠의 물과 탄산음료는 액체, ㉡의 책과 장난감 블록은 고체, ㉢의 풍선 속 공기와 축구공 속 공기는 기체입니다.

11 ⑤ 기체인 ㉢은 공간을 차지하며, 공간을 이동할 수 있습니다.

①, ② 액체인 ㉠은 눈으로 볼 수 있고, 담는 용기에 따라 모양은 변하지만 부피는 변하지 않습니다.
③ 고체인 ㉡은 담는 용기가 바뀌어도 모양과 부피가 변하지 않습니다.
④ 기체인 ㉢은 무게가 있습니다.

12 모래는 고체인 ㉡, 식초는 액체인 ㉠, 튜브 속 공기는 기체인 ㉢에 속합니다.

13 고체, 액체, 기체 중 손으로 잡을 수 있는 것은 고체입니다. 따라서 고체인 접시는 손으로 잡아서 전달할 수 있습니다.

채점 기준	
상	접시라고 쓰고, 그 까닭을 옳게 설명한 경우
중	접시만 쓴 경우

14 식용유와 우유는 모두 액체이므로 흐를 수 있고, 눈으로 볼 수 있지만 손으로 잡을 수 없으며, 담는 용기에 따라 모양은 변하지만 부피는 변하지 않습니다.

채점 기준	
상	액체의 성질을 바탕으로 두 물질의 공통점을 두 가지 모두 옳게 설명한 경우
중	두 물질의 공통점을 한 가지만 옳게 설명한 경우
하	두 물질이 모두 액체라는 것만 쓴 경우

15 공기 주입기를 이용하여 풍선에 공기를 집어넣으면 풍선 밖에 있던 공기가 풍선 속으로 이동하며, 풍선 속의 공간을 차지합니다.

채점 기준	
상	기체의 성질 두 가지를 옳게 설명한 경우
중	기체의 성질을 한 가지만 옳게 설명한 경우

16 공기 주입 마개를 누르면 페트병 밖에 있던 공기가 페트병 속으로 이동하여 페트병이 팽팽해집니다.

채점 기준	
상	페트병 밖의 공기가 페트병 속으로 이동한다고 설명한 경우
중	페트병 속의 공기가 많아지기 때문이라고 설명한 경우

17 공기에 무게가 있기 때문에 페트병에 공기를 넣은 후의 무게가 공기를 넣기 전의 무게보다 무겁습니다.

채점 기준	
상	페트병의 무게를 옳게 비교하고, 그 까닭을 공기에 무게가 있기 때문이라고 옳게 설명한 경우
중	페트병의 무게를 옳게 비교하고, 그 까닭을 페트병에 공기를 더 넣었기 때문이라고 설명한 경우
하	페트병의 무게만 옳게 비교한 경우

18 책상, 철 클립, 고무줄은 고체이고, 식초, 꿀, 주스는 액체이며, 풍선 속 공기, 바람 인형 속 공기는 기체이므로 물질의 상태에 따라 분류하였습니다.

채점 기준	
상	물질의 상태에 따라 분류하였다고 설명한 경우
중	물질의 상태라는 말을 언급하지 않고 고체, 액체, 기체로 분류하였다고 설명한 경우

수행평가 2회 109 쪽

01 (1) 모양 (2) 예시 답안 주스의 높이는 처음 주스의 높이와 같다. 액체는 담는 용기가 바뀌어도 부피가 변하지 않기 때문이다.
02 (1) ㉠ 공기, ㉡ 비닐장갑 속 (2) 예시 답안 공간을 차지한다. 공간을 이동할 수 있다. 담는 용기에 따라 모양이 변한다. 등

바른답·알찬풀이

01 (1) 액체를 여러 가지 모양의 용기에 담으면 용기에 따라 액체의 모양이 변합니다.

> **만점 꿀팁** 제시된 사진을 보면 용기의 모양에 따라 주스의 모양이 변하는 것을 확인할 수 있어요.

(2) 주스와 같은 액체는 담는 용기에 따라 모양은 변하지만 부피는 변하지 않습니다.

> **만점 꿀팁** 액체는 담는 용기에 따라 모양은 변하지만 부피는 변하지 않는 물질의 상태라는 것을 기억해요.

채점 기준	
상	처음 주스의 높이와 같다고 쓰고, 그 까닭을 옳게 설명한 경우
중	처음 주스의 높이와 같다는 것만 쓴 경우

02

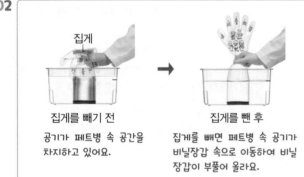

집게

집게를 빼기 전
공기가 페트병 속 공간을 차지하고 있어요.

집게를 뺀 후
집게를 빼면 페트병 속 공기가 비닐장갑 속으로 이동하여 비닐장갑이 부풀어 올라요.

(1) 페트병 속의 공기가 비닐장갑 속으로 이동하므로 비닐장갑이 부풀어 오릅니다.

> **만점 꿀팁** 페트병을 수조의 바닥까지 밀어 넣으면 페트병 속의 공기가 공간을 차지하여 물을 밀어내요. 즉, 페트병 속에는 공기가 들어 있고, 집게를 빼면 이 공기가 비닐장갑 속으로 이동하는 것이에요.

(2) 실험 결과를 통해 페트병 속 공기가 비닐장갑 속으로 이동하여 공간을 차지하는 것을 확인할 수 있습니다.

> **만점 꿀팁** 집게를 빼면 비닐장갑이 부풀어 오르는 것은 페트병 속 공기가 비닐장갑 속으로 이동하여 공간을 차지하기 때문이라는 점을 기억해요.

채점 기준	
상	실험으로부터 알 수 있는 기체의 성질 두 가지를 옳게 설명한 경우
중	기체의 성질 한 가지만 옳게 설명한 경우

4 소리의 성질

① 소리의 발생

1 소리가 나는 물체

> **스스로 확인해요** 112 쪽
>
> **1** 떨립니다 **2** **예시 답안** 핸드 벨을 손으로 잡아 떨림을 멈추게 한다. 핸드 벨을 떨리지 않게 한다. 등

1 물체에서 소리가 날 때 물체가 떨립니다.

2 소리가 나는 물체의 떨림을 멈추게 하면 소리가 나지 않으므로 핸드 벨이 떨리지 않게 합니다.

> **문제로 개념 탄탄** 113 쪽
>
> **핵심 콕** ❶ 떨림 ❷ 소리 ❸ 떨립니다
> **1** (1) ○ (2) ○ (3) ×   **2** ㉠
> **3** 떨리기

1 소리가 나는 물체는 떨림이 있으므로 목소리를 낼 때는 손에 떨림이 느껴지고, 목소리를 내지 않을 때는 손에 떨림이 없습니다.

2 소리가 나는 물체는 떨림이 있으므로 붙임쪽지가 떨리는 ㉠이 소리가 나는 스피커입니다.

3 기타 줄을 퉁기면 기타 줄이 떨리면서 소리가 납니다.

2 소리의 세기와 높낮이

> **스스로 확인해요** 115 쪽
>
> **1** 세기, 높낮이 **2** **예시 답안** 실로폰을 세게 치면 큰 소리가 나고, 약하게 치면 작은 소리가 난다. 실로폰의 긴 음판을 치면 낮은 소리가 나고, 짧은 음판을 치면 높은 소리가 난다.

2 소리의 세기는 실로폰의 음판을 치는 세기에 따라 달라지고, 소리의 높낮이는 실로폰의 음판의 길이에 따라 달라집니다.

핵심 ① 세기　② 큰　③ 높낮이　④ 높은
⑤ 높은

1 ㉡　　　　　**2** ㉠

3 (1) 큰 (2) 작은 (3) 큰 (4) 작은　　　**4** ㉠

5 (1) ㉠ (2) ㉡　　**6** ㉠

1 소리굽쇠를 세게 치면 소리굽쇠가 크게 떨리면서 큰 소리가 나고, 소리굽쇠를 약하게 치면 소리굽쇠가 작게 떨리면서 작은 소리가 납니다. 소리굽쇠는 ㉡에서가 ㉠에서보다 작게 떨리므로 ㉡에서 더 작은 소리가 납니다.

2 소리굽쇠를 세게 치면 소리굽쇠가 크게 떨립니다. 따라서 소리굽쇠가 크게 떨리는 ㉠의 소리굽쇠에 살짝 댄 스타이로폼 공이 더 높게 튀어 오릅니다.

스타이로폼 공이 높게 튀어 올라요.

➡ 소리굽쇠를 세게 치면 소리굽쇠가 크게 떨리면서 큰 소리가 나요.

스타이로폼 공이 낮게 튀어 올라요.

➡ 소리굽쇠를 약하게 치면 소리굽쇠가 작게 떨리면서 작은 소리가 나요.

3 (1), (3) 운동회에서 우리 팀을 응원할 때나 수업 시간에 친구들 앞에서 발표할 때에는 소리의 세기를 조절하여 큰 소리를 냅니다.
(2), (4) 피아노로 조용한 곡을 연주할 때나 도서관에서 친구와 귓속말로 이야기할 때에는 소리의 세기를 조절하여 작은 소리를 냅니다.

4 빨대 팬파이프에서 빨대의 길이가 길수록 낮은 소리가 나고, 빨대의 길이가 짧을수록 높은 소리가 납니다. 따라서 빨대의 길이가 가장 긴 ㉠을 불 때 가장 낮은 소리가 납니다.

5 칼림바는 음판의 길이에 따라 소리의 높낮이가 달라지는데, 음판의 길이가 길수록 낮은 소리가 나고, 음판의 길이가 짧을수록 높은 소리가 납니다.

6 긴급 자동차의 경보음은 높은 소리를 이용한 예로, 높은 소리를 발생해 사람들에게 위급한 상황을 알립니다. 친구와 귓속말을 할 때에는 소리의 세기를 조절하여 작은 소리를 냅니다.

01 ㉠　　　**02** ①　　　**03** ④

04 (가)　　　**05** ㉠ 큰 소리, ㉡ 작은 소리

06 예시 답안 ㉠과 같이 소리굽쇠를 세게 치면 소리굽쇠가 크게 떨리기 때문에 스타이로폼 공이 높게 튀어 오르고, ㉡과 같이 소리굽쇠를 약하게 치면 소리굽쇠가 작게 떨리기 때문에 스타이로폼 공이 낮게 튀어 오른다.

07 ①, ⑤　　　**08** ②　　　**09** ㉡, ㉢

10 ㉠, ㉡, ㉢　　**11** 예시 답안 빨대 팬파이프의 빨대를 화살표 방향을 따라 긴 빨대에서 짧은 빨대 순서대로 불면 점점 높은 소리가 난다.　　**12** ④

01 소리가 나는 물체는 떨림이 있으므로 ㉠과 같이 목소리를 낼 때 목에 손을 대면 손에 떨림이 느껴집니다.

02 소리가 나는 스피커는 떨리므로, 스피커에 붙임쪽지를 붙이면 붙임쪽지가 떨립니다.

03 소리가 나는 스피커는 떨립니다.
① 소리가 나는 종은 떨립니다.
② 말을 할 때 목에 손을 대면 떨림이 느껴집니다.
③ 기타를 연주하면 기타 줄이 떨립니다.
⑤ 귀뚜라미는 날개를 비벼 떨림을 만듭니다.

왜 틀린 답일까?
④ 소리가 나지 않는 물체는 떨림이 없으므로 소리가 나지 않는 트라이앵글은 떨림이 없습니다.

04 소리가 나는 핸드 벨을 손으로 세게 잡으면 핸드 벨의 떨림이 멈춰 더 이상 소리가 나지 않습니다.

05 고무망치로 소리굽쇠를 세게 치면 소리굽쇠가 크게 떨리면서 큰 소리가 나고, 소리굽쇠를 약하게 치면 소리굽쇠가 작게 떨리면서 작은 소리가 납니다.

06 소리굽쇠가 크게 떨리면 큰 소리가 나고, 소리굽쇠가 작게 떨리면 작은 소리가 납니다. 즉, 소리굽쇠가 떨리는 정도에 따라 튀어 오르는 스타이로폼 공의 높이가 달라집니다.

채점 기준	
상	스타이로폼 공이 튀어 오르는 모습이 다른 까닭을 소리굽쇠를 치는 세기에 따라 소리굽쇠가 떨리는 정도가 다르기 때문이라고 설명한 경우
중	스타이로폼 공이 튀어 오르는 모습이 다른 까닭을 단순히 소리의 세기가 다르기 때문이라고만 설명한 경우

07 ① 소리의 크고 작은 정도를 소리의 세기라고 합니다.
⑤ 소리굽쇠를 고무망치로 세게 치면 소리굽쇠가 크게 떨리면서 큰 소리가 납니다.

왜 틀린 답일까?
② 소리의 높낮이는 소리의 높고 낮은 정도입니다.
③ 물체가 작게 떨리면 작은 소리가 납니다.
④ 물체가 크게 떨리면 큰 소리가 납니다.

08 ② 도서관에서 친구와 귓속말로 이야기할 때에는 작은 소리를 냅니다.

왜 틀린 답일까?
① 수업 시간에 친구들 앞에서 발표할 때에는 큰 소리를 냅니다.
③ 멀리 있는 친구를 부를 때에는 큰 소리를 냅니다.
④ 운동회에서 우리 팀을 응원할 때에는 큰 소리를 냅니다.

09 ㉡ 칼림바의 길이가 다른 음판을 퉁기면 소리의 높낮이가 달라집니다.
㉢ 빨대 팬파이프의 길이가 다른 빨대를 불면 소리의 높낮이가 달라집니다.

왜 틀린 답일까?
㉠ 소리굽쇠를 세게 치다가 약하게 치면 큰 소리가 나다가 작은 소리가 납니다. 즉, 소리의 세기가 달라집니다.

10

음판의 길이가 짧을수록 높은 소리가 나요.
→ ㉠에서 가장 높은 소리가 나요.

음판의 길이가 길수록 낮은 소리가 나요.
→ ㉢에서 가장 낮은 소리가 나요.

칼림바는 음판의 길이에 따라 소리의 높낮이가 달라지는데, 음판의 길이가 짧을수록 높은 소리가 나고, 음판의 길이가 길수록 낮은 소리가 납니다. 따라서 음판의 길이가 가장 짧은 ㉠에서 가장 높은 소리가 나고, 음판의 길이가 가장 긴 ㉢에서 가장 낮은 소리가 납니다.

11

빨대의 길이가 짧아질수록 점점 높은 소리가 나요.

빨대의 길이가 길어질수록 점점 낮은 소리가 나요.

빨대 팬파이프에서 빨대의 길이가 짧아질수록 점점 높은 소리가 납니다.

채점 기준	
상	빨대 팬파이프에서 빨대의 길이가 짧아질수록 높은 소리가 난다고 설명한 경우
중	빨대의 길이에 대한 언급 없이 단순히 높은 소리가 난다고만 설명한 경우

12 긴급 자동차의 경보음, 화재경보기의 경보음, 안전 요원이 부는 호루라기 소리는 위급한 상황을 알리기 위해 높은 소리를 이용한 경우입니다.

❷ 소리의 전달과 반사

1 소리의 전달

스스로 확인해요   120 쪽

1 고체   **2** 예시 답안 고체인 땅을 통해 말이 달려오는 소리가 전달된다.

2 멀리서 말이 달려오는 소리는 고체인 땅을 통해 전달되므로, 인디언들은 땅에 귀를 대고 말이 달려오는 소리를 들을 수 있었습니다.

문제로 개념 탄탄   121 쪽

핵심록 ❶ 액체   ❷ 공기
1 책상   **2** 손   **3** 고체

1 책상을 두드리는 소리는 책상을 통해 전달됩니다.

2 소리가 나는 스피커가 물속에 있을 때에는 물과 플라스틱 관, 관 속의 공기를 통해 소리가 전달됩니다.

3 철봉에 귀를 대고 반대편에 있는 철봉을 약하게 두드리면 고체인 철을 통해 소리가 전달됩니다.

2 소리의 반사

122 쪽

스스로 확인해요

1 반사　**2** 예시 답안 소리는 푹신한 눈에서는 잘 반사되지 않기 때문에 눈이 오지 않은 새벽보다 눈이 많이 쌓인 새벽에 주변의 소리가 잘 들리지 않아 주위가 조용하게 느껴진다.

2 소리는 나아가다가 장애물을 만나면 반사되는데, 반사되는 부분이 눈처럼 푹신하면 일부 소리가 잘 반사되지 않습니다.

문제로 개념 탄탄

123 쪽

핵심콕 **1** 반사　**2** 딱딱한

1 <　**2** 나무판　**3** 반사

1 이어폰의 소리는 휴지 심을 통해 나아가다가 두 휴지 심이 만나는 곳에 세워 놓은 물체를 만나면 반사됩니다. 따라서 아무것도 놓지 않았을 때보다 나무판을 세워 놓았을 때 소리가 더 잘 들립니다.

2 소리는 푹신한 물체보다 딱딱한 물체에서 더 잘 반사됩니다. 따라서 나무판을 세워 놓았을 때 소리가 가장 크게 들립니다.

3 공연장에 반사판을 설치하면 반사판에서 소리가 반사되어 공연장 전체에 골고루 전달됩니다.

3 우리 주변의 소음

스스로 확인해요

124 쪽

1 소음　**2** 예시 답안 교실에서 헤드폰으로 음악을 듣는다. 집 안에서 실내화를 신고 걸어 다닌다. 늦은 저녁에 피아노를 연주하지 않는다. 등

2 소리의 세기를 줄이거나 소리가 잘 전달되지 않도록 하면 소음을 줄일 수 있습니다. 또, 소리가 반사하는 성질을 이용해 소음을 줄일 수 있습니다.

문제로 개념 탄탄

125 쪽

핵심콕 **1** 소음　**2** 반사

1 시끄러운　**2** (1) ×　(2) ○　(3) ○　(4) ×

3 (1) ㉡　(2) ㉠

1 소음은 사람의 기분을 좋지 않게 하거나 건강을 해칠 수 있는 시끄러운 소리입니다.

2 (1) 공항은 소리가 잘 전달되지 않도록 도시에서 멀리 떨어진 곳에 짓습니다.
(4) 피아노 학원의 벽에는 소리가 잘 전달되지 않는 물질을 붙여 소리의 전달을 막습니다.

3 (1) 녹음실 벽에 소리가 잘 전달되지 않는 물질을 붙이면 소리의 전달을 막아 소음을 줄일 수 있습니다.
(2) 자동차 도로 주변에 방음벽을 설치하면 소리의 반사를 이용해 소음을 줄일 수 있습니다.

문제로 실력 쑥쑥

126~127 쪽

01 ㉠　**02** ③, ⑤　**03** 공기
04 ㉠ 고체, ㉡ 액체　**05** 실
06 <, <　**07** (가)
08 예시 답안 텅 빈 체육관에서 소리를 내면 소리가 딱딱한 벽에서 반사되기 때문에 울린다.　**09** ③
10 ㉢　**11** 예시 답안 도로 주변에 방음벽을 설치하면 자동차의 시끄러운 소리를 도로 쪽으로 반사하여 소음을 줄일 수 있다.

01 ㉠ 책상을 두드리면 고체인 책상을 통해 소리가 전달됩니다.

왜 틀린 답일까?

㉡ 소리는 책상과 같은 고체 상태의 물질을 통해서도 전달됩니다.
㉢ 책상을 두드린 소리는 책상을 통해 전달돼 책상에 귀를 댄 사람은 소리를 들을 수 있습니다.

02 ①, ②, ④ 물속에 있는 스피커의 소리는 물과 플라스틱 관, 관 속의 공기를 통해 전달됩니다.

왜 틀린 답일까?

③ 스피커의 소리는 고체인 플라스틱 관을 통해서도 전달됩니다.

⑤ 실험을 통해 소리는 고체, 액체, 기체 상태의 물질을 통해 전달되는 것을 알 수 있습니다.

03 우리가 듣는 대부분의 소리는 기체인 공기를 통해 전달됩니다. 공기 중에서 물체가 떨리면 물체의 떨림이 주변의 공기를 떨리게 하고, 그 공기의 떨림이 우리 귀까지 도달해 소리가 전달됩니다.

04

철봉에 귀를 대고 철봉을 두드리는 소리 듣기

수중 스피커에서 나오는 소리 듣기

철봉은 고체예요.
→ 고체인 철봉을 통해 소리가 전달돼요.

물은 액체예요.
→ 액체인 물을 통해 소리가 전달돼요.

㉠ 철봉에 귀를 대고 반대편에 있는 철봉을 두드리면 고체인 철을 통해 소리가 전달됩니다.
㉡ 수중 스피커에서 나오는 음악 소리는 액체인 물을 통해 수중 발레 선수에게 전달됩니다.

05 고체인 실을 이용하여 실 전화기를 만들면 종이컵과 연결된 실을 통해 소리가 전달되어 멀리 있는 친구에게 소리를 전달할 수 있습니다.

06

두 휴지 심이 만나는 곳에 아무것도 놓지 않았을 때보다 스펀지 판을 놓았을 때 소리가 반사되어 더 잘 들려요. → ㉠<㉡

㉠ 휴지 심 / 이어폰
㉡ 스펀지 판

두 휴지 심이 만나는 곳에 스펀지 판처럼 푹신한 물체를 놓았을 때보다 나무판처럼 딱딱한 물체를 놓았을 때 소리가 더 잘 반사되어요. → ㉡<㉢

㉡ 스펀지 판
㉢ 나무판

두 휴지 심이 만나는 곳에 아무것도 놓지 않았을 때보다 스펀지 판이나 나무판과 같은 물체가 있을 때 소리가 반사되어 더 잘 들립니다. 또, 소리는 스펀지 판처럼 푹신한 물체보다 나무판처럼 딱딱한 물체에서 더 잘 반사됩니다.

07 (나): 소리가 나아가다가 물체를 만나면 반사됩니다.
(다): 소리는 스펀지 판처럼 푹신한 물체보다 나무판처럼 딱딱한 물체에서 더 잘 반사됩니다. 즉, 물체의 종류에 따라 소리가 반사되는 정도가 다릅니다.

왜 틀린 답일까?

(가): 물체가 딱딱할수록 소리가 더 잘 반사됩니다.

08 빈 공간에서 소리를 내면 소리의 반사가 잘 일어나므로 벽이나 물체에 부딪쳐 되돌아오는 소리를 들을 수 있습니다.

채점 기준	
상	소리가 딱딱한 벽에서 반사되어 울린다고 옳게 설명한 경우
중	소리가 벽에 부딪치기 때문이라고 간단히 설명한 경우

09 소음은 사람의 기분을 좋지 않게 하거나 건강을 해칠 수 있는 시끄러운 소리입니다.

왜 틀린 답일까?

③ 공연장에서 피아노를 연주하는 소리는 소음으로 보기 어렵습니다.

10 ㉠, ㉡ 소음을 줄이려면 소리의 세기를 줄이거나 소리가 반사하는 성질을 이용합니다.

왜 틀린 답일까?

㉢ 소리가 잘 전달되는 물질을 이용하면 소음을 줄일 수 없습니다. 소음을 줄이려면 소리가 잘 전달되지 않는 물질을 이용해야 합니다.

11 도로 주변에 방음벽을 설치하면 도로에서 생기는 소음을 차단할 수 있습니다. 방음벽은 소리를 도로 쪽으로 반사하는 구조로 설치하여 소음을 줄일 수 있습니다.

도로의 방음벽
→ 소리를 도로 쪽으로 반사하는 구조로 설치되어 있어요.

채점 기준	
상	도로에서 생기는 소음을 줄이는 방법을 소음을 줄이는 데 이용한 소리의 성질과 관련지어 옳게 설명한 경우
중	도로에서 생기는 소음을 줄이는 방법만 옳게 설명한 경우
하	도로에서 생기는 소음을 줄이는 데 이용한 소리의 성질만 옳게 설명한 경우

단원 평가 1회

01 ④ **02** ㉠ 세기, ㉡ 높낮이
03 ㉡ **04** ㉡, ㉢ **05** ④
06 ①, ④ **07** ㉠ 물, ㉡ 공기 **08** ①
09 (나) → (가) → (다) **10** ㉠
11 ⑤ **12** ③

서술형 문제

13 예시 답안 종을 치면 종이 떨리기 때문에 소리가 난다.

14 ·큰 소리를 내는 경우: 예시 답안 수업 시간에 친구들 앞에서 발표할 때, 멀리 있는 친구를 부를 때, 운동회에서 우리 팀을 응원할 때 등 ·작은 소리를 내는 경우: 예시 답안 도서관에서 친구와 이야기할 때, 피아노로 조용한 곡을 연주할 때, 아기를 재우기 위해 자장가를 불러줄 때 등

15 ·기호: ㉢ ·까닭: 예시 답안 빨대 팬파이프에서 빨대의 길이가 길수록 낮은 소리가 나기 때문에 (가)를 불었을 때보다 낮은 소리를 내려면 ㉢을 불어야 한다.

16 예시 답안 책상을 두드린 소리가 책상을 통해 전달되기 때문이다.

17 예시 답안 텅 빈 체육관에서 소리를 내면 소리가 딱딱한 벽에서 반사되어 울린다. 암벽으로 된 산에서 소리를 내면 소리가 반사되어 메아리가 울린다. 목욕탕에서 소리를 내면 소리가 딱딱한 벽에서 반사되어 울린다. 등

18 예시 답안 녹음실에 방음벽을 설치하면 소리가 잘 전달되지 않아 소음을 줄일 수 있다.

01 ④ 소리가 나는 물체는 떨림이 있습니다. 따라서 음악이 나오는 스피커에 손을 대면 손에 떨림이 느껴집니다.

왜 틀린 답일까?

①, ②, ③ 연주하지 않는 기타, 놓여 있는 핸드 벨이나 트라이앵글은 소리가 나지 않고 떨림이 느껴지지 않습니다.

02 소리의 크고 작은 정도를 소리의 세기라 하고, 소리의 높고 낮은 정도를 소리의 높낮이라고 합니다.

03

소리굽쇠 스타이로폼 공

· 스타이로폼 공이 튀어 오르는 정도 비교: ㉠>㉢>㉡
· 소리굽쇠가 떨리는 정도 비교: ㉠>㉢>㉡
· 소리의 세기 비교: ㉠>㉢>㉡

㉠에서 스타이로폼 공이 가장 높게 튀어 오른 까닭은 소리굽쇠가 가장 크게 떨리기 때문입니다. 즉, ㉠의 소리굽쇠에서 가장 큰 소리가 납니다.
㉡에서 스타이로폼 공이 가장 낮게 튀어 오른 까닭은 소리굽쇠가 가장 작게 떨리기 때문입니다. 즉, ㉡의 소리굽쇠에서 가장 작은 소리가 납니다.

04 우리 생활에서는 상황에 따라 소리의 세기를 조절하여 큰 소리와 작은 소리를 냅니다.
㉡, ㉢ 피아노로 조용한 곡을 연주할 때, 아기를 재우기 위해 자장가를 불러 줄 때에는 소리의 세기를 조절하여 작은 소리를 냅니다.

왜 틀린 답일까?

㉠, ㉣ 멀리 있는 친구를 부를 때, 운동회에서 우리 팀을 응원할 때에는 소리의 세기를 조절하여 큰 소리를 냅니다.

05

㉠ 음판의 길이가 점점 길어져요.
→ 점점 낮은 소리가 나요.

㉡ 음판의 길이가 점점 짧아져요.
→ 점점 높은 소리가 나요.

칼림바는 음판의 길이가 길수록 낮은 소리가 나고, 음판의 길이가 짧을수록 높은 소리가 납니다. 따라서 ㉠ 화살표 방향을 따라 음판을 퉁기면 음판의 길이가 점점 길어져 소리가 낮아지고, ㉡ 화살표 방향을 따라 음판을 퉁기면 음판의 길이가 점점 짧아져 소리가 높아집니다.

06 ① 구급차의 경보음은 위험을 알리기 위해 높은 소리를 이용합니다.
④ 칼림바는 음판의 길이가 짧을수록 높은 소리가 나고, 음판의 길이가 길수록 낮은 소리가 납니다. 즉, 칼림바는 길이가 다른 음판을 퉁겨 높낮이가 다른 소리를 내는 악기입니다.

왜 틀린 답일까?

② 수영장 안전 요원의 호루라기는 위험한 상황을 알려야 하므로 높은 소리를 이용합니다.
③ 화재경보기의 경보음과 같이 위험을 알리는 소리는 보통 큰 소리와 높은 소리를 이용합니다.
⑤ 소리굽쇠를 치는 세기를 다르게 하면 세기가 다른 소리를 만들 수 있습니다.

07 물속에 있는 스피커의 소리는 물과 플라스틱 관, 관속의 공기를 통해 전달됩니다.

08

배의 소리는 액체인 바닷물을 통해 전달돼요.

철봉을 두드린 소리는 고체인 철을 통해 전달돼요.

땅에 귀를 대고 있으면 고체인 땅을 통해 소리가 전달돼요.

실 전화기를 이용하면 고체인 실을 통해 소리가 전달돼요.

철봉 소리를 들을 때, 땅에 귀를 대고 소리를 들을 때, 실 전화기로 친구와 대화를 할 때에는 소리가 고체 상태의 물질을 통해 전달됩니다. 물속에서 잠수부가 배의 소리를 들을 때에는 소리가 액체 상태인 물을 통해 전달됩니다.

09 실 전화기는 종이컵 바닥에 누름 못으로 구멍을 뚫고, 구멍에 실을 끼운 다음 클립으로 고정하여 만듭니다.

10 ㉠ 두 휴지 심이 만나는 곳에 나무판을 세워 놓으면 소리가 나무판에서 반사되어 잘 들립니다. 즉, 소리의 반사를 알아보는 실험입니다.

왜 틀린 답일까?

㉡ 이 실험을 통해 소리가 물체에 부딪쳐 반사됨을 알 수 있습니다.
㉢ 두 휴지 심이 만나는 곳에 나무판을 세우면 소리가 반사되어 나무판을 세우지 않았을 때보다 소리가 더 잘 들립니다.

11 소리가 나아가다가 장애물인 산을 만나면 반사되기 때문에 메아리를 들을 수 있습니다.

12 ① 도로에서 확성기의 사용을 줄이면 소리의 세기가 줄어 소음을 줄일 수 있습니다.
② 자동차 도로에 방음벽을 설치하면 도로에서 생기는 소리를 반사해 소음을 줄일 수 있습니다.
④ 공사장에서 소음이 적은 기계를 사용하면 소리의 세기가 줄어 소음을 줄일 수 있습니다.
⑤ 피아노 학원의 벽에 소리가 잘 전달되지 않는 물질을 붙이면 소리의 전달을 막아 소음을 줄일 수 있습니다.

왜 틀린 답일까?

③ 도시와 가까운 곳에 공항을 지으면 소음이 발생하므로 공항은 도시에서 멀리 떨어진 곳에 지어 소음을 줄입니다.

13 소리는 물체의 떨림으로 발생하는데, 종을 치면 종이 떨리기 때문에 소리가 납니다.

채점 기준	
상	종에서 소리가 나는 까닭을 종이 떨리기 때문이라고 설명한 경우
중	종이 흔들리기 때문이라고 설명한 경우

14 우리 생활에서는 상황에 따라 소리의 세기를 조절하여 큰 소리와 작은 소리를 냅니다.

채점 기준	
상	우리 생활에서 큰 소리를 내는 경우와 작은 소리를 내는 경우를 모두 옳게 설명한 경우
중	우리 생활에서 큰 소리를 내는 경우와 작은 소리를 내는 경우 중 한 가지만 옳게 설명한 경우

15

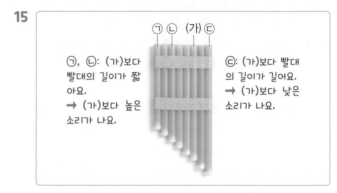

㉠, ㉡: (가)보다 빨대의 길이가 짧아요.
→ (가)보다 높은 소리가 나요.

㉢: (가)보다 빨대의 길이가 길어요.
→ (가)보다 낮은 소리가 나요.

빨대의 길이가 짧을수록 높은 소리가 나고, 빨대의 길이가 길수록 낮은 소리가 납니다. 따라서 ㉠, ㉡을 불면 (가)보다 짧기 때문에 높은 소리가 나고, ㉢을 불면 (가)보다 길기 때문에 낮은 소리가 납니다.

채점 기준	
상	(가)보다 낮은 소리를 내는 빨대의 기호를 옳게 쓰고, 그 까닭을 옳게 설명한 경우
중	(가)보다 낮은 소리를 내는 빨대의 특징만 옳게 설명한 경우
하	(가)보다 낮은 소리를 내는 빨대의 기호만 옳게 쓴 경우

16 책상을 두드릴 때 책상을 두드리는 소리는 책상을 통해 전달됩니다.

채점 기준	
상	책상을 두드리는 소리가 잘 들리는 까닭을 책상을 통해 소리가 전달되기 때문이라고 옳게 설명한 경우
중	책상을 두드리는 소리가 고체 상태의 물질을 통해 전달되기 때문이라고만 설명한 경우

17 빈 공간에서 소리를 내면 소리의 반사가 잘 일어나므로 벽이나 물체에 부딪쳐 되돌아오는 소리를 들을 수 있습니다.

채점 기준	
상	우리 생활에서 소리가 반사되는 경우를 두 가지 모두 옳게 설명한 경우
중	우리 생활에서 소리가 반사되는 경우를 한 가지만 옳게 설명한 경우

18 녹음실 벽에 소리가 잘 전달되지 않는 흡음재나 차음재를 이용해 방음벽을 설치하면 녹음실에서 발생하는 소리가 다른 곳으로 잘 전달되지 않아 소음을 줄일 수 있습니다.

채점 기준	
상	녹음실에서 생기는 소음을 줄이는 방법을 소음을 줄이는 데 이용한 소리의 성질과 관련지어 옳게 설명한 경우
중	녹음실에서 생기는 소음을 줄이는 방법만 옳게 설명한 경우
하	녹음실에서 생기는 소음을 줄이는 데 이용한 소리의 성질만 옳게 설명한 경우

수행평가 1회

137 쪽

01 (1) **예시 답안** ㉠에서는 붙임쪽지가 가만히 있고, ㉡에서는 붙임쪽지가 떨린다. (2) **예시 답안** 소리가 나는 스피커는 떨리기 때문에 스피커에 붙인 붙임쪽지는 떨린다.

02 (1) **예시 답안** ㉠<㉡, 두 휴지 심이 만나는 곳에 스타이로폼 판을 세워 놓으면 소리가 나아가다가 스타이로폼 판에 부딪쳐 반사되기 때문에 아무것도 놓지 않았을 때보다 소리가 더 크게 들린다. (2) **예시 답안** 소리는 스타이로폼 판처럼 푹신한 물체보다 나무판처럼 딱딱한 물체에서 더 잘 반사되기 때문에 스타이로폼 판 대신 나무판을 세워 놓으면 소리가 더 크게 들린다.

01 (1) 소리가 나는 물체는 떨리므로 소리가 나지 않는 스피커에 붙인 붙임쪽지는 가만히 있고, 소리가 나는 스피커에 붙인 붙임쪽지는 떨립니다.

> **만점 꿀팁** 소리가 나는 물체는 떨림이 있다는 것을 알면 소리가 나지 않는 스피커와 소리가 나는 스피커에 붙인 붙임쪽지의 모습을 유추할 수 있어요.

채점 기준	
상	㉠과 ㉡에서 붙임쪽지의 모습을 모두 옳게 설명한 경우
중	㉠과 ㉡에서 붙임쪽지의 모습 중 한 가지만 옳게 설명한 경우

(2) ㉡은 소리가 나는 스피커입니다. 소리가 나는 스피커는 떨림이 있으므로 소리가 나는 스피커에 붙인 붙임쪽지도 떨립니다.

> **만점 꿀팁** 소리가 나는 스피커의 모습을 떠올리면 스피커에 붙인 붙임쪽지가 떨리는 까닭을 알 수 있어요.

채점 기준	
상	㉡에서 붙임쪽지가 떨리는 까닭을 소리가 나는 스피커의 떨림 때문이라고 옳게 설명한 경우
중	㉡에서 붙임쪽지가 떨리는 까닭을 스피커에서 소리가 나기 때문이라고만 설명한 경우

02 (1) 두 휴지 심이 만나는 곳에 세워 놓은 스타이로폼 판은 소리가 나아가는 방향을 바꾸는 역할을 합니다.

> **만점 꿀팁** 소리가 나아가다가 물체에 부딪치면 반사된 소리를 들을 수 있기 때문에 아무것도 세워 놓지 않을 때보다 더 큰 소리를 들을 수 있어요.

채점 기준	
상	㉠과 ㉡에서 들리는 소리의 세기를 옳게 비교하고, 그 까닭을 옳게 설명한 경우
중	㉠과 ㉡에서 들리는 소리의 세기만 옳게 비교한 경우

(2) 소리는 스타이로폼 판처럼 푹신한 물체보다 나무판처럼 딱딱한 물체에서 더 잘 반사됩니다.

> **만점 꿀팁** 스타이로폼 판과 나무판을 직접 눌러 본 경험을 떠올려 물체의 단단한 정도를 비교해 보아요. 또, 판의 단단한 정도와 소리가 반사되는 정도를 연관 지어 생각해 보아요.

채점 기준	
상	나무판을 놓았을 때 소리의 세기 변화를 소리의 반사와 관련지어 옳게 설명한 경우
중	나무판을 놓았을 때 소리의 세기 변화는 옳게 설명했지만 소리의 반사와 관련한 설명이 미흡한 경우
하	나무판을 놓았을 때 소리의 세기 변화만 옳게 설명한 경우

바른답·알찬풀이

01 ㉢	**02** ③, ④	**03** ①
04 ②	**05** ④	**06** ㉠
07 ㉡	**08** ⑤	**09** ⑤
10 ㉠	**11** ③	
12 ㉠ 전달, ㉡ 반사		

서술형 문제

13 • 느낌과 모습: [예시 답안] 소리가 나는 목에 손을 대면 손에 떨림이 느껴지고, 소리가 나는 스피커에 붙인 붙임 쪽지는 떨린다.

• 공통점: [예시 답안] 소리가 나는 물체는 떨린다.

14 [예시 답안] 스타이로폼 공이 더 높게 튀어 오르려면 소리 굽쇠가 더 크게 떨려야 하므로 소리굽쇠를 더 세게 친다.

15 [예시 답안] 칼림바에서 음판의 길이가 길수록 낮은 소리가 나므로 길이가 가장 긴 음판을 퉁긴다.

16 [예시 답안] 수중 스피커에서 나오는 음악 소리가 물을 통해 수중 발레 선수에게 전달되기 때문이다.

17 [예시 답안] 실 전화기에서 종이컵과 연결된 실을 통해 소리가 전달되기 때문이다.

18 [예시 답안] 소리가 나아가다가 나무판에서 반사되기 때문에 아무것도 놓지 않았을 때보다 소리가 더 크게 들린다.

---

01 ㉠, ㉡ 소리가 나는 물체는 떨림이 있습니다. 따라서 종을 친 다음에 종에 손을 대거나 소리가 나는 스피커에 손을 대면 손에 떨림이 느껴집니다.

> **왜 틀린 답일까?**
> ㉢ 가만히 놓인 소리굽쇠는 소리가 나지 않고, 손을 대었을 때 떨림이 느껴지지 않습니다.

02 소리굽쇠를 고무망치로 치는 세기를 다르게 하면 소리굽쇠가 떨리는 정도가 달라지기 때문에 소리굽쇠에서 나는 소리의 세기가 달라지고, 이때 스타이로폼 공이 튀어 오르는 높이가 달라집니다.

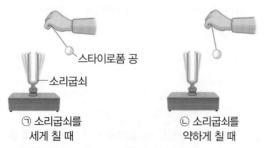

㉠ 소리굽쇠를   ㉡ 소리굽쇠를
세게 칠 때   약하게 칠 때

• 소리굽쇠에서 나는 소리의 세기가 달라져요.
  ➡ 소리굽쇠에서 나는 소리의 세기: ㉠ > ㉡
• 스타이로폼 공이 튀어 오르는 높이가 달라져요.
  ➡ 스타이로폼 공이 튀어 오르는 높이: ㉠ > ㉡

03 소리굽쇠를 세게 치면 소리굽쇠가 크게 떨리면서 큰 소리가 나고, 소리굽쇠를 약하게 치면 소리굽쇠가 작게 떨리면서 작은 소리가 납니다.

04 ② 우리 생활에서는 상황에 따라 소리의 세기를 조절하여 큰 소리와 작은 소리를 냅니다. 운동회에서 우리 팀을 응원할 때에는 큰 소리를 냅니다.

> **왜 틀린 답일까?**
> ①, ③, ④, ⑤ 도서관에서 친구와 이야기할 때, 피아노로 조용한 곡을 연주할 때, 아기를 재우기 위해 자장가를 불러 줄 때, '무궁화 꽃이 피었습니다' 놀이에서 술래에게 다가갈 때에는 작은 소리를 냅니다.

05 빨대 팬파이프에서 빨대의 길이가 짧을수록 높은 소리가 납니다. 따라서 빨대 팬파이프를 불어 가장 높은 소리를 내려면 가장 짧은 빨대를 불어야 합니다.

06 ㉡, ㉢ 불이 난 것을 알리는 화재경보기의 경보음, 수영장 안전 요원이 부는 호루라기는 위험을 알리기 위해 높은 소리를 이용합니다.

> **왜 틀린 답일까?**
> ㉠ 수업 시간에 친구들 앞에서 발표를 할 때에는 소리의 세기를 조절하여 큰 소리를 냅니다.

07 ㉡ 책상을 두드린 소리는 책상을 통해 전달되어 책상에 귀를 댄 사람은 소리를 들을 수 있습니다.

> **왜 틀린 답일까?**
> ㉠ 소리는 책상을 통해서도 전달됩니다.
> ㉢ 실험 (가)를 통해 소리는 고체 상태의 물질을 통해 전달되는 것을 알 수 있습니다.

08 (가)에서 책상을 두드린 소리는 고체인 책상을 통해 전달되는 것을 알 수 있습니다.
(나)에서 물속에 있는 스피커의 소리는 액체인 물, 고체인 플라스틱 관, 기체인 플라스틱 관 속의 공기를 통해 전달되는 것을 알 수 있습니다.

09 ①, ②, ③, ④ 학교 종소리, 멀리 있는 친구가 부르는 소리, 운동회에서 친구들의 응원 소리, 수업 시간에 친구가 발표하는 내용을 들을 때에는 기체인 공기를 통해 소리가 전달됩니다.

> **왜 틀린 답일까?**
> ⑤ 실 전화기에서 소리는 종이컵과 연결된 고체인 실을 통해 전달됩니다.

10 소리는 푹신한 물체보다 딱딱한 물체에서 더 잘 반사되기 때문에 두 휴지 심이 만나는 곳에 나무판을 세울 때 소리가 가장 크게 들립니다.

• 판의 단단한 정도: 나무판>스타이로폼 판>스펀지 판
• 반사되는 소리가 크게 들리는 순서: 나무판>스타이로폼 판>스펀지 판

나무판   스타이로폼 판   스펀지 판

11 ①, ②, ④ 소리는 목욕탕의 벽, 공연장의 반사판, 텅 빈 체육관의 벽과 같은 장애물을 만나면 반사됩니다.

왜 틀린 답일까?

③ 바닷물 속 잠수부에게 들리는 배의 소리는 액체 상태인 물을 통해 소리가 전달되는 경우입니다.

12 녹음실에 방음벽을 설치하면 소리가 잘 전달되지 않아 소음을 줄일 수 있고, 도로에 방음벽을 설치하면 도로에서 생기는 소리를 반사해 소음을 줄일 수 있습니다.

13 소리가 나는 물체는 떨림이 있으므로 소리가 나는 목에 손을 대면 손에 떨림이 느껴지고, 소리가 나는 스피커에 붙인 붙임쪽지는 떨립니다.

채점 기준	
상	소리가 나는 목에 댄 손의 느낌과 스피커에 붙인 붙임쪽지의 모습을 옳게 쓰고, 이를 통해 알 수 있는 소리가 나는 물체의 공통점을 옳게 설명한 경우
중	소리가 나는 목에 댄 손의 느낌과 스피커에 붙인 붙임쪽지의 모습만 옳게 쓴 경우
하	소리가 나는 물체의 공통점만 옳게 설명한 경우

14 스타이로폼 공을 더 높게 튀어 오르게 하려면 소리굽쇠가 더 크게 떨려야 하므로 소리굽쇠를 더 세게 칩니다.

채점 기준	
상	스타이로폼 공을 더 높게 튀어 오르게 하는 방법을 소리굽쇠의 떨림과 관련지어 설명한 경우
중	스타이로폼 공을 더 높게 튀어 오르게 하는 방법을 소리굽쇠의 떨림과 관련짓지 않고 소리굽쇠를 치는 세기로만 설명한 경우

15 칼림바에서 음판의 길이가 길수록 낮은 소리가 납니다.

채점 기준	
상	칼림바로 가장 낮은 소리를 내는 방법을 음판의 길이와 관련지어 설명한 경우
중	칼림바로 가장 낮은 소리를 내는 방법을 음판의 길이와 관련짓지 않고 설명한 경우

16 수중 스피커에서 나오는 음악 소리는 액체인 물을 통해 수중 발레 선수에게 전달됩니다.

채점 기준	
상	수중 발레 선수가 음악 소리를 들을 수 있는 까닭을 액체인 물을 통한 소리의 전달로 설명한 경우
중	수중 스피커에서 나오는 소리가 수중 발레 선수에게 전달되기 때문이라고만 설명한 경우

17 실 전화기는 실의 떨림을 통해 소리가 전달됩니다.

채점 기준	
상	실 전화기에서 소리가 전달되는 까닭을 고체인 실을 통한 소리의 전달로 설명한 경우
중	단순히 실 전화기를 통해 소리가 전달되기 때문이라고만 설명한 경우

18 두 휴지 심이 만나는 곳에 아무것도 놓지 않았을 때보다 물체를 세워 놓았을 때 소리가 반사되어 더 잘 들립니다.

채점 기준	
상	나무판을 놓았을 때 소리가 더 크게 들리는 까닭을 소리의 반사로 설명한 경우
중	나무판을 놓았을 때 소리가 더 크게 들리는 까닭을 소리가 물체에 부딪혔기 때문이라고만 설명한 경우

수행평가 2회
141 쪽

01 (1) 소리의 높낮이 (2) **예시 답안** 빨대의 길이가 짧은 ㉠을 불면 높은 소리가 나고, 빨대의 길이가 긴 ㉡을 불면 낮은 소리가 난다. 그 까닭은 빨대 팬파이프는 빨대의 길이에 따라 소리의 높낮이가 달라지기 때문이다.

02 (1) ㉢ (2) **예시 답안** 소리가 잘 전달되지 않도록 녹음실의 벽에 소리가 잘 전달되지 않는 물질을 붙인다.

01 (1) 빨대 팬파이프의 빨대를 같은 힘으로 불면 빨대의 길이에 따라 소리의 높낮이가 달라집니다.

만점 꿀팁 빨대 팬파이프의 빨대를 같은 힘으로 불기 때문에 소리의 세기는 같아요. 따라서 빨대를 순서대로 불 때 빨대의 길이를 살펴보면 무엇을 알아보기 위한 실험인지 알 수 있어요.

(2) 빨대 팬파이프의 빨대 ㉠과 ㉡을 같은 힘으로 불면 빨대의 길이가 짧은 ㉠에서는 높은 소리가 나고, 빨대의 길이가 긴 ㉡에서는 낮은 소리가 납니다.

> **만점 꿀팁** 빨대 팬파이프를 연주하면 높낮이가 다른 소리를 만들 수 있어요. 실제로 팬파이프를 연주할 때 언제 높은 소리가 났고, 또 언제 낮은 소리가 났는지 기억을 떠올려 보아요.

채점 기준	
상	빨대 ㉠과 ㉡을 불 때 소리의 높낮이를 구분하여 그 까닭과 함께 설명한 경우
중	단순히 빨대 ㉠과 ㉡을 불 때 소리의 높낮이가 달라진다고만 설명한 경우

02 (1) 공사장의 기계 소리나 가게의 확성기 소리는 소리의 세기를 줄입니다. 자동차 도로의 자동차 소리는 소리의 반사를 이용하여 방음벽을 설치합니다. 녹음실의 벽에 소리가 잘 전달되는 물질을 붙이면 녹음실에서 발생하는 음악 소리가 다른 곳으로 잘 전달되어 소음을 줄일 수 없습니다.

> **만점 꿀팁** ㉠~㉣ 중에서 소리의 세기를 줄이지 않거나 소리가 잘 전달되게 하거나 소리가 반사하는 성질을 이용하지 않은 것을 찾아보아요.

(2) 녹음실의 벽에 소리가 잘 전달되지 않는 물질을 붙이면 녹음실에서 발생하는 소리가 다른 곳으로 잘 전달되지 않아 소음을 줄일 수 있습니다.

녹음실의 방음벽
→ 녹음실 벽에 표면이 거친 물질이나 작은 구멍이 많은 물질을 붙여요.

> **만점 꿀팁** (1)에서 고른 것을 소리가 잘 전달되지 않게 하는 방법을 이용해 고쳐 보아요.

채점 기준	
상	(1)에서 고른 것을 소음을 줄이는 데 이용한 소리의 성질과 관련지어 옳게 고친 경우
중	(1)에서 고른 것을 옳게 고쳤지만 소음을 줄이는 데 이용한 소리의 성질과 관련짓지 못한 경우

사자성어, 속담, 맞춤법(총3책)

퍼즐런

초등 필수 어휘를 퍼즐 학습으로 재미있게 배우자!

- 하루에 4개씩 25일 완성으로 집중력 UP!
- 다양한 게임 퍼즐과 쓰기 퍼즐로 기억력 UP!
- 생활 속 상황과 예문으로 문해력의 바탕 어휘력 UP!

www.mirae-n.com

학습하다가 이해되지 않는 부분이나 정오표 등의 궁금한 사항이 있나요?
미래엔 홈페이지에서 해결해 드립니다.

교재 내용 문의
나의 교재 문의 | 수학 과외쌤 | 자주하는 질문 | 기타 문의

교재 자료 및 정답
동영상 강의 | 쌍둥이 문제 | 정답과 해설 | 정오표

미래엔 N 맘
No.1 New Network
http://cafe.naver.com/mathmap

함께해요!
바른 공부법 캠페인

궁금해요!
교재 질문 & 학습 고민 타파

공부해요!
미래엔 에듀 초·중등 교재

참여해요!
선물이 마구 쏟아지는 이벤트

초등학교

| 학년 | 반 | 이름 |

예비초등 | **한글 완성**
초등학교 입학 전
한글 읽기·쓰기 동시에 끝내기 [총3책]

예비 초등
자신있는 초등학교 입학 준비!
[국어, 수학, 통합교과, 학교생활 총4책]

 **독해** | **독해 시작편**
초등학교 입학 전 독해 시작하기
[총2책]

독해
교과서 단계에 맞춰 학기별
읽기 전략 공략하기 [총12책]

비문학 독해 사회편
사회 영역의 배경지식을 키우고,
비문학 읽기 전략 공략하기 [총6책]

비문학 독해 과학편
과학 영역의 배경지식을 키우고,
비문학 읽기 전략 공략하기 [총6책]

 **쏙셈** | **쏙셈 시작편**
초등학교 입학 전 연산 시작하기
[총2책]

쏙셈
교과서에 따른 수·연산·도형·측정까지
계산력 향상하기 [총12책]

창의력 쏙셈
문장제 문제부터 창의·사고력 문제까지
수학 역량 키우기 [총12책]

쏙셈 분수·소수
3~6학년 분수·소수의 개념과 연산 원리를
집중 훈련하기 [분수 2책, 소수 2책]

 **ENGLISH BITE** | **알파벳 쓰기**
알파벳을 보고 듣고 따라 쓰며 읽기·쓰기
한 번에 끝내기 [총1책]

파닉스
알파벳의 정확한 소릿값을 익히며
영단어 읽기 [총2책]

사이트 워드
192개 사이트 워드 학습으로
리딩 자신감 쑥쑥 키우기 [총2책]

영단어
학년별 필수 영단어를 다양한
활동으로 공략하기 [총4책]

영문법
예문과 다양한 활동으로
영문법 기초 다지기 [총4책]

 **한자**
교과서 한자 어휘도 익히고
급수 한자까지 대비하기
[총12책]

 큰별★쌤 최태성의 **한국사**
큰별쌤의 명쾌한 강의와 풍부한 시각
자료로 역사의 흐름과 사건을 이미지
로 기억하기 [총3책]

 하루 한장 학습 관리 앱
손쉬운 학습 관리로 올바른
공부 습관을 키워요!

APP 다운로드

**개념과 연산 원리를 집중하여
한 번에 잡는 쏙셈 영역 학습서**

하루 한장 쏙셈
분수·소수 시리즈

하루 한장 쏙셈 분수·소수 시리즈는
학년별로 흩어져 있는 분수·소수의 개념을
연결하여 집중적으로 학습하고,
재미있게 연산 원리를 깨치게 합니다.

하루 한장 쏙셈 분수·소수 시리즈로
초등학교 분수, 소수의 탁월한 감각을 기르고,
중학교 수학에서도 자신있게 실력을 발휘해 보세요.

APP 다운로드

스마트 학습 서비스 맛보기
분수와 소수의 원리를
직접 조작하며 익혀요!

분수 1권
초등학교 3~4학년

❯ 분수의 뜻

❯ 단위분수, 진분수, 가분수, 대분수

❯ 분수의 크기 비교

❯ 분모가 같은 분수의 덧셈과 뺄셈

⋮

3학년 1학기 _ 분수와 소수
3학년 2학기 _ 분수
4학년 2학기 _ 분수의 덧셈과 뺄셈